人工智能工程设计

陈 统　黄永健　冯元勇　陈清亮　彭凌西　李媛婷　张 英 ◎ 编著

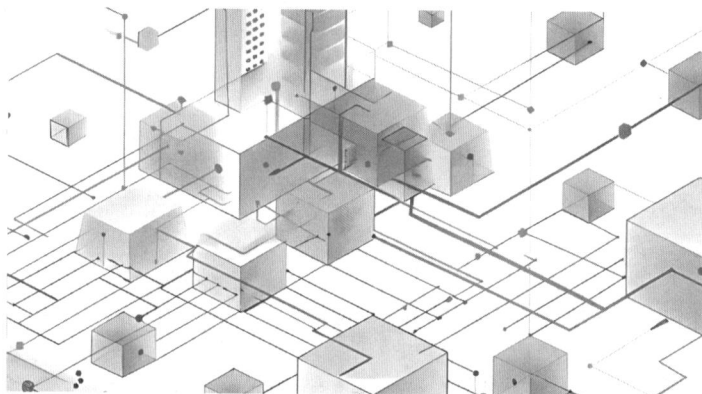

人民邮电出版社

北 京

图书在版编目（CIP）数据

人工智能工程设计 / 陈统等编著. -- 北京：人民
邮电出版社, 2025. -- ISBN 978-7-115-57584-5

I. TP18

中国国家版本馆 CIP 数据核字第 2025KG5025 号

内 容 提 要

本书结合人工智能的技术实践，特别是当前热门的大语言模型，讲解智能系统规划，智能系统需求分析，智能系统架构设计，智能系统算力平台设计，智能系统数据平台设计，智能系统算法设计，智能系统开发、部署和运维，智能系统伦理、安全和隐私保护策略，行业应用，总结人工智能在应用中面临的挑战，探讨人工智能未来发展的趋势及其对软件开发的影响。

本书适合有志从事人工智能系统开发、部署、运维、训练、优化的工程技术人员阅读，也可供高等院校相关专业的师生参考。

◆ 编　　著　陈　统　黄永健　冯元勇　陈清亮
　　　　　　　彭凌西　李媛婷　张　英
责任编辑　谢晓芳
责任印制　陈　犇

◆ 人民邮电出版社出版发行　　北京市丰台区成寿寺路 11 号
邮编　100164　　电子邮件　315@ptpress.com.cn
网址　https://www.ptpress.com.cn
三河市祥达印刷包装有限公司印刷

◆ 开本：787×1092　1/16
印张：9.25　　　　　　　　2025 年 9 月第 1 版
字数：201 千字　　　　　　2025 年 9 月河北第 1 次印刷

定价：49.90 元

读者服务热线：(010)81055410　印装质量热线：(010)81055316
反盗版热线：(010)81055315

前　言

随着人工智能技术的发展，特别是 AIGC（Artificial Intelligence Generated Content，人工智能生成内容）带来的冲击，人工智能在各行各业的应用已经日渐普及。人脸识别、智能客服、智能导航、无人工厂、无人巡检等已逐渐深入人们的生活。然而，这些应用还处于初级阶段，系统设计也相对简单，只能解决一些局部的问题。随着大语言模型（Large Language Model，LLM）的普及，智能系统将变得越来越复杂。当我们用人工智能技术解决一些行业应用中的大型问题时，所面对的系统设计就变得复杂起来，不能再用传统软件工程中软件开发的框架和方法来解决。因此，"人工智能"时代的系统开发迫切需要一套全新的思维、框架和方法。

经过多年的发展，人工智能技术已经取得了长足的进步。我们拥有各种强大的工具和框架，如 TensorFlow、Keras 和 PyTorch。但实践证明，许多有效的方法（如生成对抗网络和深度强化学习）使用起来很困难，往往需要丰富的经验和一定程度的调试才能让这些方法在一个新领域发挥作用。在工程设计方面，人工智能的应用也缺少一套系统、完整的工程应用体系。为了解决一个复杂问题，我们通常会用到工程设计的方法，这些方法会涉及工程论、系统论和控制论的思想和方法。

在总结作者的人工智能教学和应用开发实践经验的基础上，参考和运用工程设计的一般原则、框架和方法，结合人工智能系统的特点，本书探讨人工智能工程设计的模式。通过对智能系统在需求分析、架构设计、算力平台设计和算法设计等方面的阐述，综合统筹算力、数据和算法资源，实现一个投资回报率更高的智能应用系统。

对于一个复杂的智能系统来说，总体设计很重要。系统规划设计要从总体设计出发，然后进行系统架构设计和具体的功能设计。概括来说，一个智能系统的总体设计包括顶层设计、系统设计、架构设计、功能设计、性能设计、运营设计、安全可信设计、优化设计和经济性设计等方面的工作。

本书共 11 章。

第 1 章概述人工智能。

第 2 章介绍智能系统规划。

第 3 章介绍智能系统需求分析。

第 4 章重点介绍智能系统架构设计。

第 5～7 章分别介绍智能系统算力平台设计、数据平台设计和算法设计。

第 8 章讲述智能系统开发、部署和运维。

第 9 章讨论智能系统伦理、安全和隐私保护策略。

第 10 章介绍行业应用。

第 11 章总结人工智能在应用中面临的挑战，探讨人工智能未来发展的趋势及其对软件开发的影响。

本书得到了国家自然科学基金（编号：12171114）、广东省重点领域研发计划项目（编号：2022B0101010005）和广东省自然科学基金（编号：2024A1515011976）的资助。另外，本书得到了广东轩辕网络科技股份有限公司、广东医通软件有限公司和广东景惠医疗管理服务有限公司的协助，在此表示衷心的感谢。

在学习人工智能的理论和技术之后，还要掌握人工智能工程设计的方法和框架，这样才能更好地实现智能系统的开发和应用。由于人工智能技术的发展非常迅速，新的技术不断涌现，因此人工智能工程设计的方法也不会一成不变，需要不断与时俱进。作为新的尝试，本书旨在展示智能系统开发的新视角和方法论，希望能给广大读者一定的启发和指导。

作者

目　　录

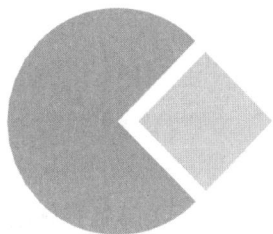

第1章 概　述

科学、技术和工程三者既密不可分，又各有不同。科学阐释了宇宙万物和人类社会各领域的客观规律，技术验证客观规律的存在，工程则是利用科学、技术解决应用问题的路径和方法。根据技术领域和应用范围，工程有各种各样的类型，如土木工程、水利工程、核电工程、探月工程、信息工程等。尽管不同类型的工程应用的技术和实现的过程各不相同，但是它们都遵循共同的原则，即工程设计的一般原则。在一般原则的指导下，根据自身特点，不同类型的工程有不同的范式、实施过程、方法。

智能工程是随着人工智能技术的普及和应用而产生的一种新的工程范式，它与信息工程有内在联系，又有很大的不同。它们的内在联系是智能工程是以信息工程为技术基础发展起来的，不同之处在于智能工程相较于信息工程更复杂。传统意义上，各领域工程设计的边界和条件是明确的，工程设计要实现的目标也是具体的，甚至是单一的。智能系统［例如，战胜国际象棋大师加里·卡斯帕罗夫（Garry Kasparov）的"深蓝"计算机和战胜世界围棋冠军李世石的AlphaGo 程序］在早期发展阶段也具有这样的特点。但随着大模型技术的发展，智能工程设计的范式将发生颠覆性的变化，开放性、泛在连接、涌现性成为其重要特征。本章将对人工智能发展历程和相关的技术等进行简要描述。

1.1 人工智能发展历程

人工智能（Artificial Intelligence，AI）是一门涉及计算机科学、统计学、数学、物理学、化学、生物医学、心理学、社会科学、伦理学和哲学等领域的交叉学科。其目的在于研究和开发智能代理，使之能够模拟、实现乃至超越人类的智能行为。

人工智能的发展历程可以简要分为 4 个阶段。其起源可追溯到 20 世纪 50 年代，在那时，计算机刚刚问世，人们开始尝试将计算机应用于智能领域。1956 年，在美国举办的达特茅斯会议上，约翰·麦卡锡（John McCarthy，图灵奖获得者）、马文·明斯基（Marvin Minsky，图灵奖获得者）、克劳德·香农（Claude Shannon，信息论创始人）、艾伦·纽厄尔（Allen Newell，计算机科学家）、赫伯特·西蒙（Herbert Simon，诺贝尔经济学奖得主）等科学家聚在一起，讨论用机器来模仿人类在学习方面及其他方面的智能，首次提出了人工智能的概念。在这个时期，人们主要研究的是逻辑推理、自然语言处理和专家系统等技术。

从 20 世纪 60 年代到 80 年代，人工智能经历了快速发展的第二个阶段。在这个时期，人们开始研究机器学习、神经网络等技术，使人工智能的应用范围不断扩大。20 世纪 80 年代，机器学习领域的神经网络算法被发明，这一算法在语音识别、图像识别等领域得到广泛应用。

从 20 世纪 90 年代初期开始，人工智能进入第三个阶段。在此之前，计算机的计算能力较弱，加之数据集和算法方面的限制，导致人工智能的应用受到限制。随着互联网技术的迅速发展，人工智能得到了快速发展，人工智能技术进一步走向实用化，与人工智能相关的各个领域都取得长足的进步。在这个时期，人们开始研究支持向量机、随机森林等新的机器学习算法，并且计算机的计算能力不断提升，这些因素为人工智能的复兴奠定了基础。

2011 年后，随着大数据、云计算、互联网、物联网等信息技术的发展，图形处理单元（Graphics Processing Unit，GPU）等计算平台推动以深度神经网络为代表的人工智能技术飞速发展，大幅跨越了科学与应用之间的技术鸿沟，诸如图像分类、语音识别、知识问答、人机对弈、无人驾驶等人工智能技术实现了重大的突破，迎来爆发式增长的新高潮，人工智能进入第四个阶段。目前，人工智能已经应用于众多领域，并且在未来还有很大的发展空间。

一般认为，人工智能具有 3 个要素——数据、算法、算力，如图 1-1 所示。数据是知识原料（类似于粮食），算法（类似于大脑）及算力（类似于身体）提供"计算智能"以学习知识并实现特定目标。如同流量是互联网的护城河，有核心数据，人工智能应用才有关键的人工智能能力。算法是人工智能程序与非人工智能程序的核心区别，算法就是对数据和算力等资源进行有效利用的手段。而算力是实现人工智能的另一个重要因素，算力在一定程度上体现了人工智能的速度和效率。一般来说，算力越强，则实现更高级的人工智能的可能性越大。目前，算力的增长速度远远大于数据量的增长速度，为数据爆发时代的人工智能带来了强大的硬件基础。

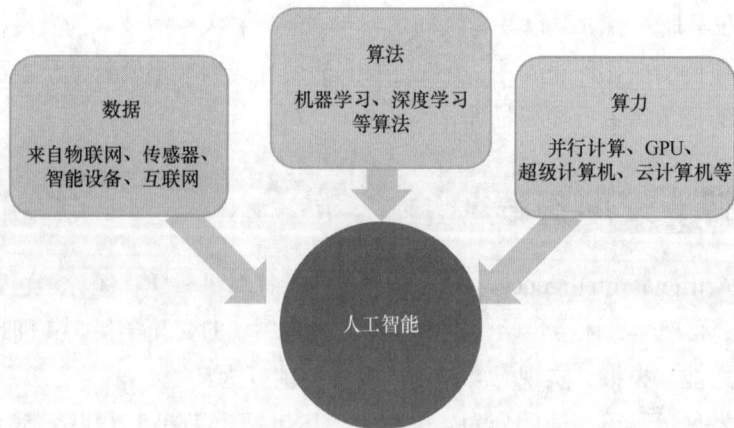

▲图 1-1　人工智能的 3 个要素

与国外人工智能的研究相比，国内人工智能的研究起步较晚，20 世纪 50 年代中期，我国才开始对人工智能的探索。起初，研究集中在数学、计算机科学等领域，后来逐步扩展到自然语言处理、机器学习等领域。虽然当时的研究基础较薄弱，但是这一阶段奠定了我国人工智能发展的基础。进入 20 世纪 80 年代，随着改革开放的深入，我国开始引进国外先进的技术，这也加速了人工智能领域的技术积累，在机器翻译、知识表示、专家系统等领域取得了一系列重要成果。进入 20 世纪 90 年代，随着计算机技术的普及和互联网的发展，人工智能技术开始在实际应用中得到实践。智能控制、智能机器人、智能家居等领域开始出现,人工智能技术在交通、医疗、教育等领域也得到了初步应用。

从 21 世纪开始,我国政府加大对人工智能的投入,并制定一系列政策与措施,以促进人工智能技术的快速发展。深度学习、神经网络等关键技术取得了重要突破,我国在语音识别、图像识别、自然语言处理等领域跻身世界前列。此外,我国的大数据和云计算基础设施建设也为人工智能技术的发展提供了良好的支撑。

近年来,我国人工智能的发展进入全面融合创新阶段。随着人工智能技术的不断发展和普及,智能经济形态在我国初显。智能经济以人工智能技术为引擎,以数据为资源,以互联网为平台,推动经济转型升级。智能经济将重塑生产方式、生活方式和社会治理方式,成为我国经济发展的新动力。

1.2　人工智能工程设计思路

人工智能工程设计指设计和构建能够模拟人类智能行为的计算机信息系统,这些系统通过学习和适应来处理与解决复杂的问题从而达到或超越人类的智能水平。在人工智能工程中,为了有效地解决问题并实现业务目标,需要遵循一系列设计方法。详细的人工智能工程设计思路包括以下 7 个步骤。

(1)**需求分析**:在开始人工智能工程设计之前,明确要解决的问题。

(2)**系统设计**:设计整个系统架构。这包括确定人工智能工程的输入、输出、数据流、组件和接口等方面。在设计中,需要考虑可扩展性、可维护性、可重用性、可测试性、可靠性和安全性等要求,并制定相应的措施来满足这些要求。

(3)**数据处理**:在人工智能项目中,数据处理是至关重要的一步,需要确定合适的数据源,并使用合适的方法和技术进行数据清洗、转换和归一化等操作。在数据处理过程中,需要保证数据的准确性、完整性和一致性,同时注意数据的隐私和安全性问题。

(4)**模型选择**:根据问题的性质和数据的类型,选择合适的人工智能模型。在选择时,需要了解各种模型的原理和应用场景,并根据实际情况进行选择。例如,对于分类问题,可以选择决策树、支持向量机、神经网络等模型;对于回归问题,可以选择线性回归、岭回归(Ridge Regression,一种改良的最小二乘估计法)、LASSO(Least Absolute Shrinkage and Selection Operator,最小绝对收缩和选择算子)回归等模型。在提高模型性能方面,还可以使用集成学习方法,如随机森林、梯度提升等。此外,还需要考虑模型的复杂度和参数设置,以避免过拟合或欠拟合等问题。

(5)**训练与优化**:在模型选择之后,需要对模型进行训练与优化。使用训练数据集对模型进行训练,并提高模型的性能。

(6)**部署与测试**:在模型的训练与优化完成后,需要将模型部署到生产环境中。在部署过程中,需要考虑如何将模型集成到现有的系统中,以及如何处理模型的更新和维护等问题。同时,在测试过程中,需要评估模型的准确性和稳定性等,以确保模型能够满足业务需求。

（7）**维护与更新**：在模型部署与测试完成后，需要对其进行维护与更新。

1.3 人工智能代表性研究成果

自人工智能诞生以来，在不同的阶段产生了对应的代表性研究成果。下面简述部分成果。

1.3.1 专家系统

人工智能的发展始于 20 世纪 50 年代。1956 年，计算机专家提出"人工智能"一词，这被人们看作人工智能正式诞生的标志。科学家们开始研究人工智能的基本原理和实现方法，这个时期的主要目标是让计算机能够像人类一样思考和解决问题。在这个时期，人工智能系统的应用范围相对较小，主要集中在一些特定的领域，如自然语言处理、计算机视觉等。

在这些系统中，专家系统是具有代表性的系统。它是一种利用计算机技术和人工智能理论来模拟专家推理过程、解决特定领域难题的智能系统。1997 年 5 月 11 日，美国 IBM（International Business Machines，国际商业机器）公司研发的深蓝计算机在一场 6 局的对决中，以 3.5 : 2.5 的总分战胜了国际象棋大师加里·卡斯帕罗夫，这场对决成为人工智能发展历程中的一个重要时刻。深蓝就是专注于国际象棋的、以暴力穷举为基础的特定用途人工智能专家系统。

早期专家系统的特点是边界条件和规则都是确定的。这一阶段的系统是封闭系统。随着人工智能技术的不断发展，专家系统的应用前景也更加广阔。未来专家系统将实现智能化、自主化和协同化，为人类的生产和生活带来更多的便利。

1.3.2 深度神经网络

神经网络是一种具有学习和自组织能力的逻辑及数学模型，它由大量简单的处理单元（称为神经元）互相连接而形成。神经网络可以用于解决各种问题，如预测建模、自适应控制、图像处理、语音识别等，还可以从复杂的数据集中学习并得出结论。

深度神经网络（Deep Neural Network，DNN）可被理解为有多个隐藏层的神经网络，其示例如图 1-2 所示。

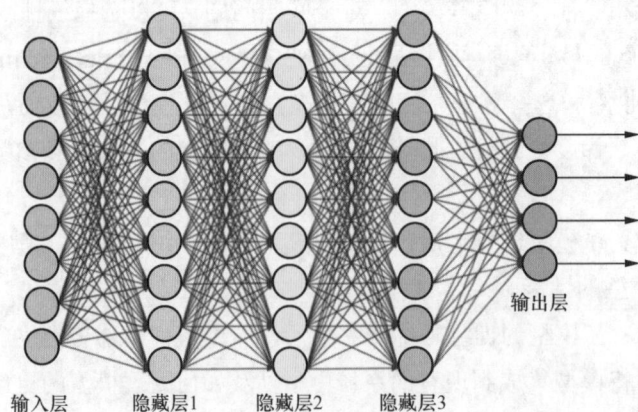

▲图 1-2 深度神经网络的示例

深度学习架构是指神经网络独特的层次结构和连接方式。常见的深度学习架构包括卷积神经网络（Convolutional Neural Network，CNN）、循环神经网络（Recurrent Neural Network，RNN）、变换器（Transformer）等。这些架构各有特点，适用于不同的场景。例如，CNN 适用于图像处理和计算机视觉任务，RNN 适用于自然语言处理和语音识别任务，Transformer 适用于大规模的自然语言处理任务。目前，深度学习已成功广泛应用于图像处理、自然语言处理、语音识别、推荐系统等领域。2016 年 3 月，Google 公司研发的 AlphaGo 使用了深度强化学习和蒙特卡洛树搜索，学习并优化策略，最终战胜了世界围棋冠军李世石。

1.3.3　人工智能生成内容和大模型

人工智能生成内容（Artificial Intelligence Generated Content，AIGC）是指使用生成式人工智能（Generative Artificial Intelligence，GAI）技术生成的内容，而不是由人类自己创作的内容。大模型是指具有庞大的参数规模和复杂结构的机器学习模型，是与 AIGC 相关的重要概念。通过对亿级的语料或者图像进行知识抽取、学习进而产生了拥有亿级参数的大模型。随着人工智能技术的快速发展，AIGC 和大模型已经成为许多应用领域的重要支柱。

生成式预训练变换器（Generative Pre-trained Transformer，GPT）是一种生成式模型，它能够生成高质量的文本。ChatGPT（Chat Generative Pre-trained Transformer，聊天生成式预训练变换器）是由美国人工智能研究公司 OpenAI 研发的一种人工智能技术驱动的自然语言处理工具。它采用 Transformer 架构，专门用于处理序列数据。ChatGPT 不仅可以被视为聊天机器人，还能承担撰写邮件、编写视频脚本、生成代码等任务，其应用范围非常广泛，可以满足不同领域的需求。ChatGPT 中文界面如图 1-3 所示。

▲图 1-3　ChatGPT 中文界面

1.4 新趋势和新特点

人工智能自诞生以来，其理论和技术日益成熟，应用领域也不断扩大。未来基于人工智能的科技产品将会是人类智慧的"容器"。人工智能不是人的智能，但能像人那样思考，未来也可能超过人的智能，其社会影响日益凸显，成为新一轮科技革命和产业变革的核心力量。人工智能正在推动传统产业升级换代，驱动"无人经济"快速发展。人工智能工程的应用也将不断拓展和完善，为人类的工作和生活带来更多的便利。

1.4.1 通用人工智能的涌现

涌现指（人或事物）大量出现。ChatGPT 诞生以后，在智能工程应用领域，也涌现出了各种各样的应用。如今，窄人工智能（人工智能主要为特定任务而设计）已经深入生活的各个方面，而通用人工智能（Artificial General Intelligence，AGI）仍处在探索和发展的阶段。AGI是一种可以执行复杂任务的人工智能，能够模仿很多人类智能行为，能够执行很多人类智能活动。AGI 可以被视为人工智能的更高层次，它可以实现自我学习、自我改进、自我调整，进而在不需要人为干预的情况下解决问题。

神经网络的大规模连接和复杂的算法使智能系统能够学习并模拟人类的思维和行为。随着人工智能技术的不断发展和应用，AGI 不断涌现。例如，在自然语言处理领域，智能系统可以通过学习大量的文本数据来理解语法、语义和上下文，从而能够进行更准确的翻译和更自然的对话。

1.4.2 智能系统面临的挑战

智能系统面临的挑战主要包括以下 5 个方面。

- 随着智能系统的广泛应用，数据隐私和安全问题变得越来越突出。智能系统需要大量的数据来训练模型，但这些数据可能包含个人隐私信息，因此需要采取措施来保护数据的隐私和安全。
- 智能系统的算法可能存在偏见和歧视，这可能导致不公平的结果。例如，如果算法对某些人群的识别率较低，那么这些人群可能会受到不公平的对待。因此，需要采取措施来确保算法的公正性和公平性。
- 智能系统的应用涉及伦理问题。例如，人工智能是否应该拥有权利和责任？如何处理人工智能可能带来的道德和伦理问题？
- 智能系统的应用需要遵守法律法规，因此需要有关部门制定和完善相关法律法规，以确保智能系统的合法使用。
- 智能系统的技术难度较高，需要解决许多技术难题，例如，提高算法的准确性和效率，处理大规模数据集，以及确保智能系统的稳定性和可靠性等。

总之，智能系统面临的挑战是多方面的，需要采取多种措施来应对这些挑战。

1.5　工作模式及生命周期模型

我们必须通过明确需求、收集和处理数据、设计并训练算法、集成与测试系统以及部署和运维管理，才能成功地开发出高效、稳定的智能系统，为各种应用场景提供强大的支持。

1.5.1　工作模式

智能系统首先需要能够进行数据收集，包括从各种来源获取相关数据。这些数据可能来自传感器、数据库、日志文件、社交媒体等。收集数据后，还需要进行数据预处理，以便为后续的模型提供准确、一致的数据集。

在数据预处理之后，智能系统需要进行特征提取和选择。特征提取是指从原始数据中提取出有用的信息，例如，从图像中提取边缘、纹理等特征。特征选择则是为了选择出对模型训练更有用的一些特征，以提高模型的准确性和效率。

在特征提取和选择之后，智能系统开始模型训练。模型训练通常使用机器学习算法，如线性回归、决策树、神经网络等。在模型训练过程中，系统会不断调整模型的参数，以提高模型的准确性和泛化能力。

模型训练完成后，智能系统可以对新的数据进行**预测和分析**。预测是指根据数据和模型，对未来的趋势进行预测。分析则是对数据进行深入挖掘，发现其中的规律和模式。

智能系统具有自我学习和更新的能力。随着数据的不断变化和技术的不断进步，系统可以通过持续学习来更新自己的知识和能力。通过自我学习和更新，智能系统可以不断提高自身的性能和适应性。

智能系统还具有知识表示和推理的能力。知识表示是将现实世界中的知识以计算机可理解的方式（如规则、框架、图等）表示出来。推理则是根据知识进行逻辑推理，得出新的结论或知识。这种能力使智能系统可以更好地理解和处理复杂的任务与问题。

总之，智能系统的工作模式包括上述各方面，这些方面相互关联、相互促进，共同构成了智能系统的完整工作流程。

1.5.2　生命周期模型

智能系统的生命周期模型主要由 7 个过程组成，如图 1-4 所示。

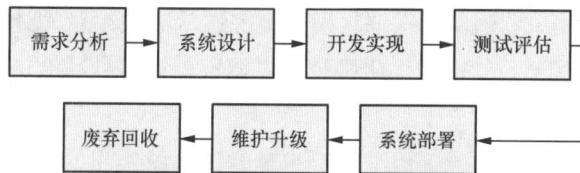

▲图 1-4　智能系统的生命周期模型

值得注意的是，除废弃回收之外，其他过程可迭代进行。也就是说，有些过程可反复进行。下面将一一介绍这些过程。

需求分析是人工智能系统的生命周期的起始阶段，主要目的是明确系统的目标、功能、性能要求以及用户群体。通过对需求的全面理解，可以确保系统开发过程中正确的方向和决策。

在需求分析的基础上，进行系统设计。系统设计包括整体架构设计、模块设计、算法设计等方面。整体架构设计需要考虑系统的可扩展性、可维护性、可重用性等因素；模块设计需要明确各个模块的功能和接口；算法设计包括选择合适的算法，并进行优化和调整。

根据系统设计，进行开发实现。开发实现包括代码编写、算法训练、模型优化等方面。在开发过程中，需要遵循一定的编码规范和标准，确保代码的可读性和可维护性。同时，要对算法进行训练和优化，提高模型的准确性和效率。

在开发实现完成后，需要进行测试评估。测试评估包括功能测试、性能测试、安全测试等方面。通过测试评估，可以发现系统存在的问题和缺陷，并进行修复和改进。同时，可以对系统的性能进行评估，确保系统能够满足用户的需求。

经过测试评估后，可以将系统部署到生产环境中。在部署过程中，需要考虑系统的安全性、稳定性和可扩展性等因素。同时，需要对系统进行监控和管理，确保系统的正常运行，且性能满足要求。

在系统运行过程中，还需要持续地维护升级。维护升级包括修复故障、优化性能、增加新功能等方面。通过维护升级，可以确保系统的稳定性和可用性，满足用户不断变化的需求。

当系统不再使用或者需要进行技术更新时，可进行废弃回收。在废弃回收过程中，要确保数据的安全性和隐私性，避免数据泄露和损失。同时，要对系统进行清理和回收，避免造成资源的浪费和环境的污染。

总之，人工智能应用系统生命周期模型包括上述各个过程。通过对这些过程的全面考虑和管理，可以确保人工智能应用系统的成功开发和运行，为各种应用场景提供强大的支持。

1.6 具体实现

在智能系统的具体实现过程中，数据收集和预处理是较基础的环节。数据是训练和优化模型的基础，因此必须进行充分的数据收集和预处理。数据收集包括从各种来源（如公开数据集、内部数据库、传感器等）获取所需的数据。数据收集后，要进行数据预处理，主要包括数据清洗、数据转换、数据归一化等，以确保数据的质量和可用性。

模型训练和优化则是智能系统实现过程中的核心环节。通过选择适当的算法和模型，采用数据进行训练，以识别模式、趋势和关联。模型训练通常需要大量的计算资源和时间，因此需要使用高效的计算平台和算法。模型优化则是通过调整模型参数或改进模型结构，提高模型的性能。

预测和决策是智能系统的重要应用之一，也是智能系统实现的重要环节。通过训练好的模型，可以对市场趋势等进行预测。同时，智能系统可以用于辅助决策，如智能推荐系统、智能客服等。在预测和决策过程中，需要使用合适的评估指标来评估模型的性能。

用户交互和体验是智能系统的重要组成部分。良好的用户交互和体验可以提高用户满意度和使用率。因此，在设计和实现智能系统时，需要考虑用户的需求和使用习惯，提供易用的用户界面和交互方式。同时，需要对用户反馈进行及时响应和处理，不断改进和优化系统。

部署和维护是实现智能系统的重要环节。在部署阶段，需要将训练好的模型部署到生产环境中，并进行性能测试和评估。在维护阶段，需要对系统进行定期更新和维护，以确保系统的稳定性和安全性。同时，需要对系统进行监控和故障排除，及时发现并解决问题。

总而言之，一个智能系统的实现需要综合考虑多个方面。只有全面考虑这些方面，才能实现高效、稳定、安全的智能系统。

1.7　小结

目前，人工智能技术迎来了新一轮的快速发展。本章不仅概述了人工智能工程设计思路与人工智能代表性研究成果、新趋势、新特点，还介绍了智能系统的工作模式、智能系统的生命周期模型，以及智能系统的具体实现。

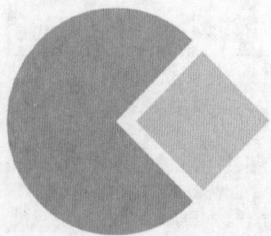

第 2 章　智能系统规划

随着科技的不断进步，智能系统逐渐成为各行业提升效率、优化决策和提升用户体验的关键驱动力。无论是制造业的智能工厂、医疗行业的智能诊断系统，还是金融领域的智能投顾平台，智能系统的应用已经深入人们生活和工作的方方面面。然而，很多企业和组织仍然依赖于传统信息化系统，这些系统虽然在数据存储和处理方面发挥重要的作用，但是在面对海量数据、复杂决策和动态环境时，往往显得力不从心。在当前信息爆炸的时代，如何顺利从传统信息化系统升级到智能系统，如何选择和应用合适的智能系统设计方法，以及如何进行智能系统的顶层设计，成为企业和组织亟须解决的问题。智能系统不仅是技术的叠加，更是理念和方法的创新，是对未来发展的前瞻性布局。本章将从传统信息化系统升级到智能系统的背景和动因入手，探讨智能系统规划的核心内容，介绍智能系统设计方法，深入解析智能系统顶层设计策略。

2.1　从传统信息化系统升级到智能系统

传统信息化系统虽然在数据存储、处理和分析方面发挥重要的作用，但是随着业务需求的复杂化和数据量的急剧增长，其局限性也日益显现。传统信息化系统的局限性主要包括以下 3个方面。

- 数据处理能力有限：传统信息化系统主要处理结构化数据，利用关系数据库和 SQL（Structure Query Language，结构查询语言）等进行数据访问和操作，虽然结构化数据易于处理，但是其信息量和复杂度远低于非结构化数据；面对现代企业环境中大量的非结构化数据（如客户反馈、社交媒体评论、图像和视频等），传统信息化系统缺乏处理和分析这些数据的能力，无法充分挖掘数据的商业价值；传统信息化系统通常存在数据孤岛，难以实现跨系统的数据整合和共享，从而限制了数据的全面利用和综合分析。
- 决策支持能力不足：传统信息化系统主要依赖历史数据和简单的统计分析，难以提供实时、智能化的决策支持，在复杂的业务环境和快速变化的市场需求下，其响应速度较慢、决策质量较差；传统信息化系统的决策支持主要依赖预定义的报表和静态分析，缺乏实时性和灵活性，管理层往往只能基于历史数据进行滞后的决策；传统信息化系统缺乏先进的预测模型和算法，难以对未来趋势进行准确预测和预判，无法有效预测用户行为和偏好；传统信息化系统的决策支持功能通常是通用的，缺乏针对不同用户和情境的个性化分析和建议，难以满足不同业务部门的特定需求。

- 用户体验欠佳：传统信息化系统的用户界面和交互方式相对陈旧，界面设计简陋且缺乏现代化设计理念，用户操作烦琐、学习成本高；传统信息化系统主要依赖键盘和鼠标进行交互，缺乏自然语言交互等新型交互手段，用户体验较差；传统信息化系统无法根据用户的行为和偏好提供个性化服务，使用体验较差，难以提升用户的满意度。

智能系统利用大数据、人工智能、物联网等技术，能够在数据处理、决策支持和用户体验等方面大幅提升系统性能。智能系统相对于传统信息化系统的优势如下。

- 数据处理能力增强：智能系统能够处理海量的结构化和非结构化数据，通过多源数据融合技术从传感器、社交媒体和交易数据等数据源中采集数据，实现全面的集成和综合分析；利用流数据处理技术，智能系统可以实现实时数据处理和分析，提供即时的洞察和决策支持；智能系统通过机器学习和深度学习技术进行高级数据分析与建模，挖掘隐藏的模式和规律，从而提取有价值的信息。例如，智能客服系统可以分析用户的语音和文本输入，提供精准的回答和建议。

- 实时决策支持：智能系统不仅能够基于历史数据进行预测和分析，还能够实时监控业务数据，提供动态的决策支持；通过实时监控与预警功能，智能系统可以监控业务运营中的关键指标，及时发现异常情况并发出预警，如智能制造系统可以实时监控生产线参数并自动调整生产计划；智能系统能够根据实时数据和环境变化进行动态优化与调整，实现更优的资源配置和决策支持；通过智能推荐算法，智能系统还可以为用户提供个性化的决策建议和方案，例如，智能营销系统可以根据用户行为和偏好推荐更合适的产品和服务。

- 卓越的用户体验：智能系统通过自然语言处理和计算机视觉等技术，实现人机自然交互，为用户提供个性化、便捷的服务；通过自然语言交互，智能系统能够实现语音识别和语义理解，用户可以通过语音指令与系统互动，提升使用体验；视觉识别与增强现实（Augmented Reality，AR）功能让用户通过摄像头和屏幕虚拟环境进行直观互动；智能系统可以根据用户的行为和偏好提供个性化服务与推荐。例如，智能家居系统能够根据用户的行为习惯自动调整环境参数，显著提升用户的满意度。

从传统信息化系统升级到智能系统需要系统化的规划和实施过程。图 2-1 展示了企业由信息化向智能化升级的路径。

为了进行需求分析与现状评估，首先，要对企业或组织的业务需求与现有信息化系统进行全面分析和评估，找出现有系统的不足和改进方向；然后，通过与各业务部门深入沟通，进行业务需求分析，了解他们的需求和痛点，明确智能系统需要解决的问题和需要实现的目标；接着，对现有信息化系统进行全面评估，了解其架构、功能、性能等方面的现状；最后，根据需求分析与现状评估的结果，制订智能系统的升级目标和实施计划，明确系统的功能需求、性能要求和实施步骤。

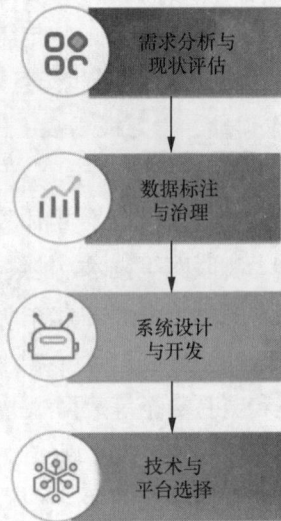

▲图 2-1　企业由信息化向智能化升级的路径

　　数据标注与治理包括在智能系统的升级过程中需要对现有的数据进行集成和清洗，确保数据的准确性和一致性；通过建设数据仓库或数据湖，对企业内部和外部的各类数据进行集成，实现数据的集中管理和统一访问，在集成过程中要考虑数据的格式、结构和存储位置等问题；对集成后的数据进行清洗，处理错误值、缺失值和重复值，确保数据的准确性和一致性，数据清洗可以通过自动化工具和人工干预相结合的方式进行；制定数据治理策略和规范，包括数据权限管理、数据隐私保护和数据生命周期管理等方面的内容，确保数据的质量和安全性。

　　为了进行技术和平台选择，要根据需求分析的结果，选择合适的数据处理、人工智能、物联网等技术以及相应的开发平台，如机器学习平台（如 TensorFlow、PyTorch）、物联网平台（如亚马逊公司提供的 AWS IoT、微软公司提供的 Azure IoT）和大数据处理平台（如 Hadoop、Spark）。在进行技术选型时，依据智能系统的功能需求和性能要求，选择合适的数据库管理系统、数据分析工具和机器学习平台。在平台选型过程中，根据智能系统的架构设计和部署需求，选择合适的开发平台和云服务平台。通过评估，确保所选技术和平台能够满足智能系统的需求和性能要求，在评估过程中要考虑所选技术和平台的成熟度、可扩展性、易用性和安全性等因素。

　　在顶层设计的指导下，进行智能系统的设计和开发，包括系统架构设计、数据架构设计和应用架构设计，以及具体的功能模块开发。系统架构设计需要根据智能系统的需求和目标，确定各功能模块和组件及其交互方式，考虑系统的可扩展性、可维护性和安全性；数据架构设计需要根据数据集成和清洗结果，确定数据存储结构、访问方式和处理流程，确保数据的存储效率、访问效率和安全性；应用架构设计需要根据功能需求，确定功能模块的实现和交互方式，考虑系统的可扩展性、可维护性和用户体验；在功能模块开发过程中，可采用敏捷开发方法，分阶段进行功能实现和测试，确保系统的灵活性和可扩展性。

　　智能系统开发完成后，需要进行全面的测试与优化，包括功能测试、性能测试和安全测试，确保系统的稳定性和可靠性。功能测试通过自动化测试工具和人工测试相结合的方式，确保各功能模块符合需求和设计要求；性能测试通过负载测试和压力测试，评估系统的处理能力、响应速度和并发性能；安全测试通过漏洞扫描和渗透测试，评估系统的安全防护能力和漏洞风险。根据测试结果，通过算法调优、系统参数调整和代码优化等手段，进行系统优化，提高系统的整体性能。

在测试与优化完成后，进行系统的部署和上线。在部署过程中，要考虑系统的安全性、可用性和可扩展性，确保系统能够稳定运行。上线后，需要进行日常的运维和监控，及时发现和解决系统的问题，确保系统的稳定性和可靠性。运维和监控可以通过自动化运维工具与人工监控相结合的方式进行。根据业务需求和技术发展，考虑系统的兼容性、稳定性和安全性等，对系统进行定期的升级和维护，确保系统的持续优化和改进。

在从传统信息化系统升级到智能系统的过程中，需要遵循以下关键原则，以确保升级的顺利进行和升级后系统的有效性。

- 用户中心化：在设计和开发智能系统时，要始终以用户为中心，确保系统能够满足用户的需求和提供良好的使用体验；所有功能和设计应基于用户的实际需求，通过用户调研和需求分析深入了解用户的需求；在界面设计和交互方式上，要注重用户体验，提供直观、便捷和个性化的界面，采用用户体验设计（User Experience Design，UED）方法，进行用户测试和收集用户反馈，持续优化系统。

- 数据驱动：智能系统的核心在于实现数据的有效利用，在系统设计和开发过程中，要注重数据的采集、处理、分析和利用，确保系统能够从数据中获取价值；通过数据清洗和数据治理等手段，确保数据的准确性、一致性和完整性；在数据的采集、存储、处理和传输过程中，采用加密和访问控制等技术手段，确保数据的安全性和隐私性。

- 灵活性与可扩展性：智能系统需要具备灵活性与可扩展性，以适应业务需求的变化和技术的不断发展；采用模块化设计，将系统划分为独立的功能模块，便于扩展和维护；采用微服务架构，将系统功能拆分为独立的微服务，每个微服务可以独立开发、部署和扩展，进一步提高系统的灵活性和可扩展性。

- 持续优化与迭代：智能系统的开发和升级是一个持续优化与迭代的过程，不断根据用户反馈和技术发展进行改进与优化；采用敏捷开发方法，分阶段进行功能实现和测试，快速响应用户需求和市场变化；通过持续集成（Continuous Integration，CI）和持续部署（Continuous Deployment，CD）方法，实现自动化测试和部署流程，提高开发效率和系统质量。

- 跨部门协作：智能系统的升级需要多个业务部门的协作和支持，确保系统能够全面满足各业务部门的需求和目标；通过建立跨部门沟通机制，定期召开项目会议，确保各业务部门协同工作，及时解决项目中的问题；在系统设计和开发过程中，积极邀请各业务部门参与和提供反馈，通过调研和需求分析深入了解各部门的需求与痛点。

从传统信息化系统升级到智能系统是一个复杂而系统化的过程，涉及需求分析与现状评估、数据处理、技术和平台选择、系统设计和开发、测试与优化以及系统部署与运维。智能系统在数据处理、决策支持和用户体验等方面具有显著优势，能够帮助企业和组织在数字化转型中获得更大的竞争力。通过科学的规划和实施，企业和组织可以顺利完成从传统信息化系统到智能系统的升级，实现业务的智能化和高效化。在这一过程中，遵循用户中心化、数据驱动、灵活性与可扩展性、持续优化与迭代以及跨部门协作等关键原则，能够确保升级的顺利进行和升级后系统的有效性。通过不断地优化和迭代，智能系统将不断提升其性能和增强其功能，帮助企业和组织在竞争激烈的市场中保持领先地位。

2.2 智能系统设计方法

随着人工智能技术的快速发展，智能系统设计成为推动各行各业创新的关键力量。这类系统的设计不仅需要设计人员有深厚的工程技术基础，还需要设计人员对业务流程和市场需求有深入的理解。从顶层设计策略的制定，到业务架构的精细打磨，再到技术架构的搭建和服务的运营，每一步都是确保系统高效、稳定运行的重要环节。在此过程中，设计人员需要考虑如何将先进的大模型技术与特定业务需求相结合，以及如何在保证系统安全性和保护隐私的前提下提供灵活、可扩展的解决方案。此外，部署与服务运营的策略同样关键，它直接关系系统的响应速度、用户体验以及长期维护的成本效益。本节将深入探讨这些策略和方法。

2.2.1 系统设计策略和方法

系统设计是指在系统开发过程中，对系统的整体架构和组织进行规划与设计。它是确定系统架构和主要组件功能的过程，是系统开发的指导性策略。系统设计强调从宏观角度出发，确定系统的基本框架和工作原理，为后续的详细设计和实现奠定基础。在智能系统设计中，系统设计尤为重要。它直接关系系统最终的性能和用户体验。一个良好的系统设计能够确保系统的各个部分协调一致，有效避免后期重构系统的情况，节约开发成本，加快产品上市速度。系统设计策略包括如下方面。

- 需求分析：明确系统设计的目标和需求，包括功能需求、性能需求、用户需求等。这一步是系统设计的基础，直接影响后续设计的方向和效率。
- 系统架构设计：基于需求分析，设计系统的整体架构。这包括确定系统的模块划分、数据流向、控制流程等。在大模型驱动的智能系统中，系统架构设计还需要考虑数据处理能力、模型训练和推理效率等因素。
- 技术选型：选择合适的技术来实现系统设计，包括选择编程语言、框架、数据库、云服务等。技术选型需要考虑系统的性能要求、开发周期、成本等因素。
- 模型选择和优化：在大模型驱动的智能系统中，模型选择和优化是关键。根据系统的具体需求，选择合适的机器学习模型或深度学习模型，并对模型进行训练、测试和优化，以满足性能要求。
- 安全性与隐私保护：在设计阶段，需要考虑系统的安全性与用户数据的隐私保护，可采取数据加密、访问控制、数据匿名化处理等措施，确保系统安全可靠，保护用户隐私。

- 可扩展性和可维护性设计：考虑未来需求的变化，系统设计需要预留足够的空间，以支持后续的功能扩展和技术升级。同时，设计应便于维护和更新，降低系统的长期运营成本。

具体地，系统设计方法包括如下 5 个步骤。

（1）原型设计：在设计初期，制作系统原型，通过原型验证设计思路和模拟与用户的交互。原型设计有助于及早发现问题、收集用户反馈，指导后续的设计优化。

（2）模块化设计：将系统划分为多个模块，每个模块负责实现一部分功能。模块化设计有利于提高系统的可维护性和可扩展性，也便于团队协作开发。

（3）迭代式设计：分阶段实现系统设计，在每个阶段完成一部分设计任务，并进行评估和调整，逐步完善系统设计。

（4）性能优化设计：在设计过程中，持续关注系统性能，采取措施优化数据处理效率、响应速度等性能指标。性能优化需要贯穿系统设计的各个阶段。

（5）用户体验设计：重视用户体验的设计，确保系统的界面操作简便。良好的用户体验有助于提高系统的使用率和用户满意度。

大模型驱动的智能系统设计是一个复杂而挑战性的任务，要求设计者具备深厚的技术功底和丰富的实践经验。通过采用合理的系统设计策略和方法，可以有效指导智能系统的设计和实现，打造出性能优异、用户体验良好的智能系统。

2.2.2　业务架构设计策略和方法

业务架构设计是智能系统设计中至关重要的一环，它关乎系统如何准确地理解和满足业务需求，以及如何在提供服务的过程中保持高效性、灵活性和可扩展性。本节将深入探讨业务架构设计的策略和方法。业务架构设计的核心在于确保技术服务能够支撑业务战略的实施，这需要遵循以下基本原则。

- 业务驱动：所有的设计决策都应以业务需求为出发点，确保技术解决方案能够解决实际业务问题。
- 以用户为中心：关注用户的需求和体验，设计易于使用、满足用户需求的系统。
- 灵活性与可扩展性：考虑业务需求的变化，在设计时，充分考虑系统的灵活性与可扩展性。
- 效率与性能：优化系统架构，确保系统运行高效，满足性能需求，特别是在处理大数据和复杂数据时。
- 安全性与合规性：在设计之初，就应考虑数据安全和隐私保护，确保系统符合相关法律法规和行业标准。

在这些基本原则的指导下，可以进一步得出如下主要的业务架构设计策略。

- 深入理解业务需求：通过与业务部门的紧密合作，深入理解业务目标、流程、数据需求及变化趋势，这是进行有效业务架构设计的前提。

- 业务流程优化与再造：在现有业务流程的基础上进行优化与再造，利用智能技术简化流程、提高效率，同时保持业务流程的灵活性，以适应未来的变化。
- 模块化设计：将系统分解为多个模块或微服务，每个模块或微服务负责一组特定的功能。这种策略不仅有助于提高系统的可维护性和可扩展性，还能促进团队间的协作和系统的快速迭代。
- 数据驱动的决策：构建以数据为核心的决策机制，通过分析业务数据指导业务架构的设计和优化。利用大数据和机器学习技术，提高决策的准确性和效率。
- 技术与平台选型：根据业务需求和未来发展方向，谨慎选择技术和平台，以支撑业务架构的实施。考虑建立或选用能够提供强大支持的平台，如云计算平台，以便灵活部署和扩展业务应用。

业务架构设计的方法包括如下内容。

（1）设计一份业务架构蓝图，详细描述业务目标、核心业务流程、数据流、系统组件及其相互关系。这份蓝图将作为整个设计和实施过程的指导文档。

（2）识别并分析所有利益相关者（包括内部员工、客户、合作伙伴等）的需求和期望。这有助于确保设计的业务架构满足所有相关方的需求。

（3）基于业务架构蓝图，开发系统原型并通过迭代过程不断优化。在每次迭代中，收集用户反馈，调整和优化业务流程与系统功能，直至满足业务需求。

（4）定期对业务系统的性能进行评估，包括响应时间、处理能力和可用性等。根据评估结果，进行必要的优化，以确保系统能够高效运行。

（5）预测可能面临的风险和挑战，如技术变革、市场竞争、法律法规变化等，并制定相应的应对策略，以减轻这些风险和挑战对业务架构的影响。

业务架构设计是构建大模型驱动的智能系统的关键步骤，它要求设计者不仅有深厚的技术知识，还需要对业务有深入的理解。遵循上述策略和方法，可以确保设计出的业务架构既能满足当前的业务需求，又能灵活适应未来的变化，为企业的长期发展提供有力支撑。随着技术的不断进步和业务环境的不断变化，业务架构设计也需要不断地迭代和优化，以保持有效性和竞争力。

2.2.3 智能系统顶层设计策略

对业务与系统的顶层架构进行约定，确保在细化智能系统的功能时有规可依、有章可循。

1. 业务架构设计

设计智能系统的业务架构（business architecture）涉及对业务流程、数据、技术和用户需求的深入理解，需要全面分析它们对智能系统和业务分类的影响。当影响达到一定程度时，就需要调整业务分类，改变相关业务目标的重要性，适配、优化业务的流程。表 2-1 列出了设计业务架构时的考量因素。

表 2-1　　　　　　　　　　　　设计业务架构时的考量因素

因　素	内　容	指　标
业务目标	明确系统需要达成的业务目标和需要解决的具体问题	业务需求、预期的成果和性能指标
数据管理	数据的收集、存储、处理、分析	数据质量、数据安全性和数据多样性
技术选型	评估和选择合适的机器学习框架、工具、算法与开发策略	新业务的可扩展性、传统业务的兼容性、业务效率和可解释性、对未来业务的整合能力
业务集成	与现有业务流程和系统的集成方案	与现有业务流程和系统的兼容度、运行畅通程度
用户交互	系统的用户界面和用户体验	用户可接受度、黏性
性能要求	性能表现包括容错性和高可用性策略	支持业务的连续性和稳定性、吞吐量、业务规模
安全合规	符合相关的法律法规和行业标准，具备必要的审查、保护手段	合规性
伦理道德	符合伦理原则与社会公德，避免偏见和歧视，确保系统决策能够适当解释	公正性、透明性
成本效益	考虑系统的维护、升级和运营成本，分析成本与预期收益，确保投资有合理的回报	投资回报率
监测演进	持续的系统测试、性能测试、用户反馈收集，需求收集与定期评审	可测试性、可跟踪性
人才培训	业务人员开发、部署和维护系统，提供必要的培训	学习成果

　　常用的业务架构如表 2-2 所示。我们要首先保证基本业务目标的实现和业务集成的通畅，检查并弥补业务逻辑上的缺失。然后，在这个基础上调整业务种类。例如，当自动化的数据收集难以满足相关的指标要求时，就需要在业务层面设置专门的人员和业务功能来进行日志上报、情况说明。对于智能系统来说，合规性、长期演进能力尤为重要，因此要特别重视这方面的业务功能及入口的设置。

表 2-2　　　　　　　　　　　　常用的业务架构

类　型	功　能	例　子
基本业务	确保基本业务目标的实现	幻灯片自动播放、聊天机器人
集成业务	确保基本业务之间的连通，或者与现有的业务结合，实现更高的业务价值	数据传递、自动化任务、决策支持
可用性业务	确保性能可靠的业务	故障监测、延误通知
安全性业务	确保系统要素被正确授权使用	权限管理、隐私保护、问责机制
易用性业务	确保用户能以高效的方式使用系统	帮助功能、个性化配置、推荐
系统演化	确保系统可持续地适应业务环境变化，不会干扰现有的业务	用户反馈中心

　　在整个业务架构设计过程中，要保持与利益相关者的沟通，确保设计与业务目标和用户需求保持一致。同时，业务架构设计应当具备一定的灵活性，以适应未来的发展和变化。

2. 部署与服务运营架构设计

　　部署与服务运营架构（deployment and service operations architecture）是指在开发完人工智

能系统后，为了使其能够在实际环境中稳定运行并持续提供服务，需要建立的一系列支撑系统运行的基础架构和运营机制。这个架构包括系统部署、服务调度、监控、故障处理、性能优化、安全保障等，涉及硬件配置、软件安装、业务进程管理和数据负荷安排。

良好的人工智能系统的部署与服务运营架构应该包括的内容如表 2-3 所示。

表 2-3　　　　　　　良好的人工智能系统的部署与服务运营架构应该包括的内容

内　容	说　明
系统部署	确定系统部署的硬件设备、网络架构、软件环境等，确保系统能够正常运行
调度与性能	设计服务的调度机制，确保资源的合理利用和服务的高效提供；对系统进行性能优化，提高系统的响应速度、并发处理能力等
故障与监控	建立系统监控和管理机制，对系统运行状态、性能指标等进行实时监测和管理；及时处理系统出现的故障，保障系统的稳定性和可靠性
模型管理	模型训练、模型推理、模型评估、模型分发
数据管理	数据采集、数据传输、数据交易、数据分发
安全保障	建立系统安全保障机制，包括数据安全、系统安全、网络安全等方面的保障
法律合规	确保系统运营符合相关法律法规和行业标准要求，保护用户隐私和知识产权

3. 技术架构设计

技术架构（technical architecture）是指人工智能系统的整体结构和组成部分之间的关系，包括系统各组件、模块、接口、数据流等，以及它们之间的交互方式和协议。它是指导系统开发的重要依据，对安全性、可靠性、可扩展性、可维护性等方面产生重要的影响。

人工智能系统常用的技术架构如图 2-2 所示。

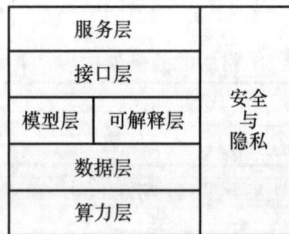

▲图 2-2　人工智能系统常用的技术架构

其中包括算力层（computing power layer）、数据层（data layer）、模型层（model layer）等关键内容。

算力层负责人工智能系统所需的大量计算资源管理，涉及分布式计算、资源调度、容器化部署等技术。数据是人工智能系统的基础，数据层涉及数据采集、数据存储、数据清洗、数据标注等技术。模型是人工智能系统的核心，模型层涉及模型的选择、训练、优化、评估和部署，以及机器学习、深度学习、强化学习等技术。人工智能系统需要具备可解释性和可信赖性，可解释层以及模型解释、可解释的决策过程、可信赖的数据来源等。安全与隐私是人工智能系统必须考虑的重要问题，涉及数据加密、身份认证、访问控制等安全技术。与传统信息化系统类似，接口层（interface layer）包括人工智能系统与外部系统或用户的交互接口，如 Web 服务接口、图形用户界面等。服务层（service layer）包括人工智能系统的服务化架构，如服务的注册与发现、负载均衡、容错处理、监控与日志等。

2.3　小结

本章探讨了智能系统规划的关键方面，涵盖了从传统信息化系统升级到智能系统、智能系统设计方法和智能系统顶层设计策略。通过对本章的学习，读者能够理解智能系统规划的基本概念和方法，掌握从传统信息化系统升级到智能系统的关键步骤，并能够进行智能系统的设计。

第3章　智能系统需求分析

要让智能系统在业务环境中承担感知业务态势、高效优化决策和人机友好合作的作用，就要在企业总体层面对系统进行设计，确定业务体系、场景，明确划分系统、人员、工具的职责，了解各参与方对新系统的需求、对新系统相关角色的期望，设定各方交互的方式，确保各方充分发挥自身的优势，合作产生业务价值，达成业务目标。人工智能能力提升形成的业务优化循环如图 3-1 所示。

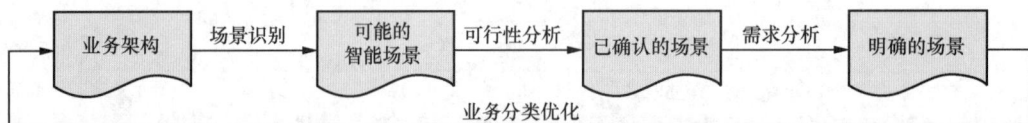

▲图 3-1　人工智能能力提升形成的业务优化循环

首先，在现有的业务架构指引下对业务模式进行分析，从中发现可发挥人工智能能力的业务场景。然后，预想引入人工智能能力之后的业务模式，调整新的场景下业务目标和业务参与方的职责。最后，在新的业务模式的智能化达到一定程度时，重新优化业务分类和业务架构，形成良性循环。

3.1　业务架构分析与业务问题的提出

业务架构是企业为了达成价值目标所组织的生产运营体系。我们可以从企业内外部环境中业务价值的源头开始，分析现有的业务分类，将每个业务分解为由人员、工具、系统等资源在相互衔接的业务环节中的合作与交互，寻找每一个可能的切入点，检查各项指标，评估引入人工智能能力的可行性。如果可行，就予以立项、实施。业务架构分析的大致模式如图 3-2 所示。

▲图 3-2　业务架构分析的大致模式

3.1.1　业务价值的源头分析

业务价值目标（business value objective）可以决定企业的业务架构和引进人工智能能力的意愿，而良好的企业基础设施（enterprise infrastructure）可以保障人工智能系统的落地和良性演进。

业务价值目标决定了企业所关注的业务价值。业务价值的源头包括若干方面，如表 3-1 所示。

表 3-1　　　　　　　　　　　　　　业务价值的源头

业务价值的源头	考 查 点	评 估 内 容
使命和愿景	长期目标、核心利益	价值观是否与人工智能一致
业务模式	收入来源、价值创造方式	人工智能可能带来的提升
市场和竞争环境	市场需求、SWOT（Strength Weakness Opportunity Threat，优势、弱势、机会、威胁）	人工智能参考案例、核心竞争力
组织结构	责权分配、决策合作	对人工智能的支持程度和制度保障
流程和操作	效率效果、瓶颈	人工智能对业务的适用程度
技术架构	基础设施、技术栈	对人工智能的适配、适应能力
文化和人力资源	员工认知、创新欲望	专业人员引进和员工的支持、接纳程度
财务状况	资产规模、融资能力	对人工智能系统研发、运维的支持
风险管理	风险类别、应对措施	对人工智能风险的预知和容错能力

企业基础设施可以确保智能系统在业务中高效运作。在开展系统建设前，要考查企业基础设施对人工智能系统的支持情况，如表 3-2 所示。有些能力由企业的业务来源制度保障，有些则因人工智能能力的引进而具有新的要求。

表 3-2　　　　　　　　　　企业基础设施对人工智能系统的支持情况

基础设施的能力	考 查 点	评 估 内 容
业务理解能力	人员、工具、物件和软硬件系统的分工与协作；业务要求、约束、标准和规范	明确性、可变性
数据提供能力	收集、整理和存储大量数据的能力	数据质量和多样性
计算运营能力	建设、租用、管理能力	数据处理、模型训练和推理能力
技术开发能力	数据科学家、机器学习工程师、软件开发人员的引进、自我管理和激励能力，系统开发、实施和维护能力	覆盖程度、建设的难易程度
数据保护能力	数据的使用和存储、共享机制	合法性、安全性
持续改进能力	长期关注数据分析和用户反馈、拥抱变化与演进的企业文化，建立资源分配保障、监管与合作伙伴关系制度	相关性、稳定性

3.1.2　业务分类分析

业务架构中的业务分类可以指导我们发现业务中的困难和问题，帮助我们寻找新技术的应用场景。从现有业务和新的业务两个方面，通过与业务部门的沟通、市场调研和行业趋势分析，实现业务分类分析。

现有业务可以通过以下方式分析。

- 现有业务目录分析。分析现有的业务种类、职责、归属、场景、效果，审查引入人工智能技术的可能性，构想企业引入新技术后业务会产生的变化。有些业务可能需要做出相应调整，有些业务则可能需要淘汰并从目录中删除。

- 业务流程与环节拆解。了解业务各个环节的输入、输出和流程。使用流程图、价值链分析或数据流程图等工具描述并分析业务流程。某些环节可能会因为新技术的引入而被归并、调整、删除，或者升级为新的业务。
- 问题识别和分类。使用问题管理工具或分类算法对现有业务中的问题进行识别、分类，以便判断哪些问题可以通过引入人工智能技术来解决或改进。
- 业务价值分析。分析业务的价值链和关键指标，确定哪些业务可以通过引入人工智能技术来提升效率、降低成本或创造更大的价值。
- 竞争对手分析。了解同行业中其他企业在人工智能领域的应用和创新，通过市场调研和行业报告等方式获取相关信息，借鉴它们的经验和做法来调整业务。

新的业务可以通过以下途径发现。

- 寻找潜在的应用领域。识别或预测那些目前存在或不存在、困难或不那么困难但在引入人工智能技术后可以增加效益或落地的业务。
- 观察、分析生态圈及合作伙伴。企业应当抓住时代变化的机遇，观察所处的生态圈，将过去属于合作伙伴但在新技术引入后更适合企业自己实施的业务归入新的业务体系中来。

3.1.3 业务分解分析

了解了业务价值的源头，做好了市场定位，就可以利用企业基础设施等方面的自身优势，依据业务分类逐一分析各项业务存在的困难和智能化升级、替代的可能性，从而优化战略目标，发挥人工智能技术的优势，提升企业的竞争力。图3-3展示了业务问题的提出和评估流程。

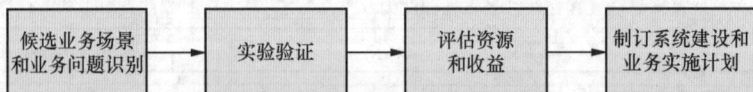

候选业务场景和业务问题识别 → 实验验证 → 评估资源和收益 → 制订系统建设和业务实施计划

▲图3-3 业务问题的提出和评估流程

第一步是候选业务场景和业务问题识别。从外部生态环境、企业自身定位、内部业务困难和潜力中获得灵感，识别企业业务的目标、潜力和不足，通过与员工、内外部专家或技术团队沟通，发现内外部业务伙伴的需求和痛点，初步提出适合引入人工智能技术的业务场景和业务问题。

第二步是实验验证。人工智能是新生的技术形态，在与企业业务结合时存在技术、团队、资源、业务方面的风险。在确定了潜在的应用场景后，企业应当对核心的技术和业务进行实验验证，可以通过小规模的试点项目或者探索性项目验证人工智能技术的可行性和效果。这可以帮助企业评估是否值得进一步投入资源。在验证时，可以邀请技术合作伙伴、创新孵化器或人工智能领域的专业机构，共同探索和开发适合自身业务的人工智能解决方案。它们可以提供技术支持、专业知识和资源，帮助企业找出适合实施人工智能的业务和确定新的业务目标。同时，企业可以建立创新实验室或孵化项目，鼓励内部员工提出创新想法，并实施小规模的实验和项目。通过这些实验和项目，既可以验证某些业务想法、消除重大风险，又可以发现一些新的业务机会和潜在的人工智能应用场景。

第三步是评估资源和收益。应当评估企业自身的资源情况，包括技术、人力、财力、数据等，确定是否有足够的资源来支持人工智能系统的开发、实施和维护工作。尤其要对现有的数据进行分析，了解是否存在可以应用人工智能技术进行处理和提升的机会，分析数据的规模、质量、多样性以及是否可以用于训练和评估人工智能模型。要对确定的潜在应用场景，进行投资回报率评估，预计人工智能系统的实施成本以及可能的效益，评估其是否能够带来可观的商业价值和竞争优势。

第二步、第三步是循环迭代的过程，它们相互依赖、相互促进。只有战略目标符合行业趋势、满足市场需求，业务和市场定位才可能产生效果，后面的验证、评估、建设才能产生令人满意的效果。

第四步是制订系统建设和业务实施计划。在确定了可行的业务和目标后，要制订适当的计划，包括确定项目的时间表、资源分配、团队组建、风险管理等方面，同时需确保项目按计划进行。

3.2　场景识别

在大致确定了业务场景和待解决的业务问题之后，应该尽快在了解业务需求（business requirement）的过程中寻找、尝试一些具体的场景，通过一系列的检查确认场景的可行性。

3.2.1　寻找切入点

企业可以依照产品品种、业务功能体系和业务流程、环节，从以下几个方面进行寻找切入点。

- 流程自动化。将人工智能技术应用于数据格式转换、特定类型的信息抽取、公文与业务数据流转，可以提高效率和减少人工错误。例如，使用自然语言处理技术自动处理文本信息。
- 利用数据推动决策逻辑智能化。利用人工智能技术对大量数据进行数据模式分析和挖掘，检测系统状态的异常。随着业务的变化，演进监控策略，实现更准确的数据预测，帮助企业做出更好的决策和优化支持。例如，使用知识图谱技术收集、整合多源异构数据。
- 数据与知识管理个性化。利用人工智能技术对繁杂的业务数据、知识进行整理，根据用户行为与习惯，构造个性化的知识图谱，以用户喜爱的方式展现数据与知识，生成易记的报表报告，支持个性化的业务数据分类与智能的导航、检索操作。
- 提供更友好的人机交互方式。利用多通道技术，构造图形图像、音频视频、肢体姿态、环境感知等，实现多模态的信息交互支持。例如，使用智能助手能够感知用户的地理位置、情绪神态和行为迟滞，分析用户当前在业务场景中遇到的困难，搜集文本、语音、图像的手册、规范、示例并以合理的方式展现给用户，或者提供更贴心的建议。

- 智能客服拟人化或人性化。引入情感分析与情感感知技术来提供拟人化的智能客服和视觉、语言甚至具身接触的互动体验，进行剧本式的情绪安抚、引导，提供完善的解决方案和建议，提高客户满意度和服务质量。例如，使用自然语言处理和机器学习技术实现智能语音助手、智能聊天机器人等，自动回答客户提出的问题、提供个性化推荐服务等。

- 产品和服务优化。利用人工智能技术优化产品和服务，完善产品和服务目录，提供更好的用户体验和增值功能。例如，利用计算机视觉技术实现智能识别和增强现实功能，利用自然语言处理技术实现智能翻译和智能搜索，利用在线学习、强化学习等技术实现个性化服务和长期演进。

- 安全和风险管理。利用业务数据访问和网络连接行为记录等与防火墙相关的人工智能分析技术加强企业的安全和风险管理能力。例如，使用机器学习和模式识别技术进行异常检测和入侵检测，或者使用自然语言处理技术进行舆情监测和风险预警等。

在实践中，企业可以根据自身的业务需求和目标，选择适合自己的切入点。同时，需要注意的是，在引入人工智能能力时，还需要考虑数据隐私和安全、人才培养和组织变革等方面的挑战与需求。

在寻找切入点时，可以通过数据分析、自然语言处理、计算机视觉、语音识别和语音生成等技术途径来辅助我们的工作。

在具体工作中，可以使用表 3-3 所示的人工智能场景切入点分析记录表来记录观察、分析切入点的过程中形成的成果。

表 3-3   人工智能场景切入点分析记录表

表 格 名	说 明
业务需求分析表	记录和整理企业的业务需求，包括业务流程、问题和改进机会等。可以列出每个业务需求的详细描述、优先级和相关的关键指标
技术可行性评估表	评估候选技术的可行性。记录和比较不同的人工智能技术，包括机器学习算法、数据处理工具和平台等。列出每种技术的优点、限制、适用场景和资源需求等
数据清单和标注表	记录和整理可用于人工智能系统训练与测试的数据。列出数据集的名称、来源、特征、标签等信息，以帮助组织和管理数据集
人工智能模型评估表	记录和评估不同人工智能模型的性能与效果。记录不同模型的指标，如准确率、召回率等，以便进行比较和选择更合适的模型
实施计划和进度表	记录与跟踪人工智能技术应用的实施计划和进度。可以列出每个应用领域的计划和里程碑，以及相关的资源和责任人
成本和效益分析表	评估人工智能技术应用的成本和效益。可以列出实施人工智能技术的相关成本，包括硬件、软件、培训等方面的成本，记录预期的效益，如成本优化、效率提升、客户满意度提升等
风险和障碍记录表	记录和分析人工智能技术应用中可能出现的风险和障碍。可以列出潜在的风险、可能的影响和相应的应对措施，以便及时识别和管理风险

3.2.2　场景评估

当评估一个场景是否适合引入人工智能技术来解决业务问题时，可以使用表 3-4 所示的专家审核评分表来进行评估。

表 3-4　　　　　　　　　　　　　专家审核评分表

评 估 因 素	评 估 问 题	评 分
业务需求匹配度	是否能解决当前业务存在的问题或提升业务效率	
	是否与企业的战略方向相符	
数据可用性和质量	是否有足够的可用数据来支持	
	是否存在持续积累数据的基础	
	数据的质量、规模和多样性是否满足需求	
技术可行性	是否有成熟、合适的算法和模型来实现想法	
	是否与将来的业务流程、环节衔接顺畅	
	是否有足够的计算资源和技术来支持开发与运营	
	企业是否具有对人工智能的认知和了解	
	是否存在对持续演进的认知和了解	
ROI（Return On Investment，投资回报率）评估	是否产生净效益	
	是否能够带来商业价值和竞争优势	
法律法规和伦理合规	是否符合相关法律法规和伦理要求	
	是否保护数据隐私和安全，遵守数据使用和共享的规定	
用户接受度和体验	用户对于想法的接受度和体验如何	
	是否进行了用户调研和反馈收集	
风险管理	潜在的技术可靠性、数据安全性、人才培养和组织变革等风险的应对能力如何	
	是否制定了相应的风险管理策略	

在专家审核评分表中，评分范围为整数 1～5，1 表示低，5 表示高。评估人员可以根据专业判断给出相应的评分。评估完成后，根据每个评估问题的重要性和优先级，对得分进行汇总，以便更好地判断场景的适用性。

3.3　可行性分析

成本和效益分析是在场景中引入人工智能技术时的重要考量因素。人工智能系统所涉及的技术、资源、管理模式和风险与传统的软件系统有很大的不同，有着自己的特色。

3.3.1　成本分析

在经济成本方面，人工智能系统开发有自己的构成特色，主要体现在以下几个方面。

- 数据收集和处理成本：包括数据采集设备和传感器的购买或租用成本、数据清洗和标注的人力成本等。

- 算法和模型成本：包括研究和开发算法的人力成本、训练和优化模型的计算资源成本、使用第三方算法和模型的授权费用等。
- 安全和合规成本：包括数据加密和身份认证的成本、安全审计和漏洞修复的成本、合规性审查和报告的成本等。

这些成本的分析应根据实际情况进行调整和补充，确切的核算方法和公式会因具体情况而异。以下是一些常见的核算方法和公式，它们可用于人工智能系统开发与运营成本的估算。

算法和模型成本包括研发团队的人力成本、训练和优化的计算资源成本，以及使用第三方算法和模型的授权费用等。

$$算法和模型成本 = 人力成本 + 计算资源成本 + 授权费用$$

数据收集和处理成本包括购买或租用数据采集设备的费用，以及数据清洗和标注的人力成本。

$$数据成本 = 设备费用 + 人力成本$$

3.3.2 风险分析

由于在业务场景中引入人工智能技术还是比较新的尝试，因此在开发、应用的过程中的不确定性需要在立项时充分考虑，给予一定的时间、技术、成本的冗余准备。具体来说，人工智能系统可能存在以下风险（risk）。

- 不透明性和可解释性风险。对于高度复杂和具有黑箱特性的模型，其决策过程难以解释，这可能导致客户对决策的不信任和难以解释的错误。为了降低这种风险，企业宜优先采用具有可解释性的算法或方法，提高决策的可解释性和透明度。
- 数据偏见和歧视风险。人工智能算法可能受到训练数据偏见的影响，导致系统产生歧视性的决策。为了降低这种风险，企业应审查和清理训练数据，采用公平和多样性的训练数据集，并做好算法应用、运营过程中的测试规划，建立审查制度，以确保系统的公正性和中立性。
- 数据隐私和安全风险。人工智能系统通常需要处理大量的敏感数据，如个人身份信息、财务数据等，存在数据泄露、滥用或不当使用的风险。为了降低这种风险，企业应采取适当的数据加密、访问控制和安全审计措施，以确保数据的机密性和完整性。
- 人工智能新的安全风险：在人工智能系统中，既要考虑传统安全问题，也要考虑人工智能应用带来的新安全问题，如提示词攻击、换脸攻击、变声攻击以及知识产权保护等问题。
- 幻觉带来的风险：大语言模型的幻觉问题是应用中不可忽视的风险。在工程设计中，通过工程管理、模型优化、知识库优化等手段处理，以及持续不断地优化系统，可消除幻觉。
- 技术依赖和故障风险。人工智能系统依赖于复杂的算法模型，存在技术故障的可能性。为了降低这种风险，企业应建立健全的备份和恢复机制，进行系统的监控和故障排除，并及时更新和维护系统。

3.3.3 效益分析

一个系统的效益很难精确评估,但大致可以从经济和社会两个角度来观察。对于人工智能系统来说,以下效益是比较明显的。

- 提高生产效率和降低成本。人工智能系统可以优化企业的生产与运营流程,减少时间浪费,提高资源利用率,从而提高生产效率和降低成本。例如,使用自动化的机器学习算法和机器视觉系统,可以提高生产线上的检测和质量控制的准确性与速度,降低人工质检错误率,从而提高生产效率。
- 优化供应链管理。人工智能系统可以通过数据分析和预测,优化供应链的物流、库存和采购等环节,从而降低库存成本、提高物流效率,并降低供应链风险。例如,通过机器学习算法对需求进行预测,可以准确地预测需求量,避免库存积压或缺货。
- 提升客户体验和增加客户满意度。人工智能系统可以通过个性化推荐、智能客服和智能化服务等方式,提升客户体验和增强客户满意度。通过了解客户的需求和偏好,可以提供更准确和个性化的产品推荐列表与专业的解决方案,同时提供全天候的智能客服支持,以提高客户满意度。
- 发现新的商业机会和创新。人工智能系统可以通过大数据分析和模式发现,帮助企业发现新的商业机会和创新点。通过分析市场趋势、消费者行为和竞争对手数据,可以发现新产品开发、新市场定位和新合作等机会,从而推动企业规模的增大。

3.4 需求获取与需求分析

在确立了智能系统的业务目标和待解决的业务问题、场景之后,开发方要与业务方等利益相关方一起讨论、收集、确认各智能体(agent)在业务环境中解决问题的具体方案,包括在什么样的业务场景应该承担什么样的业务与协作职责,应该以何种方式与人员、工具、物件、材料、其他系统等进行交互协作,对各方有何具体的要求以确保系统最终在业务实现中产生预期的作用。这就是针对系统的需求获取及需求分析工作。

3.4.1 业务流与系统边界

我们首先要完成的工作是确定业务流与系统边界,清晰地定义系统要做什么、不做什么:哪些是智能系统要完成的,哪些是传统系统或其他业务参与者要完成的。

业务流分析指以业务架构与业务分类为指导,对实现业务价值目标所经历的流程、环节进行分析,以便从中识别、定义需要参与其中的用户、环境设施、系统模块。

通过业务流分析,我们可以整理出相关的业务用户。他们与系统、环境设施分担业务职责。一个必需的业务职责要么由业务用户、现有系统、环境设施承担,要么由新系统承担。新系统与这些外部参与者通过系统边界交互。因此,对业务用户的识别可以初步界定系统的范围。

    根据这种思路,大多数系统边界可以从业务用户,特别是机构部门和操作员角色入手探寻。根据场景切入点分析办法,人工智能系统往往是某个传统业务用户角色的替代者。检查业务用户角色的职责变化,可以发现人工智能系统应该承担的新职责。

    我们可以从业务分类体系、业务流程中找到相关环节的承担部门和业务用户角色、业务职责,也可以反过来从承担部门、业务用户角色找到业务分类体系下的业务种类、业务流程、业务环节和业务职责。当发现当前由业务人员或现有系统承担的职责应该由智能系统承担时,我们就可以进一步明确系统边界。

    业务用例描述了人工智能系统外部的人员、软硬件工具等参与方如何使用或请求本系统的智能服务、如何与本系统交互,完成一个较完整的业务。通过业务用例分析,可以清晰地界定各个业务参与方的职责和协作逻辑。综合所有的业务用例,进行适当的歧义消除、冲突协调、查漏补全,可以获得对人工智能系统较全面的定义。

    在业务用例分析中,要特别审查对智能体的数据规范、模型管理、合规性检查等方面的事务。

3.4.2　需求获取

    大致确定了系统边界后,我们可以依照业务用户和业务用例的指引,运用会谈、文档查阅、实地考察、市场调研、数据分析等手段获取需求。

    在获取人工智能系统的需求时,要特别考虑数据/算法/算力需求、安全和隐私需求、集成需求、可维护性需求、法律和合规需求等方面的内容,要确认模型的学习能力、推理能力、交互能力、可靠性、可解释性和可扩展性等要求。通过全面收集和分析这些内容,可以确保人工智能系统需求的全面性、准确性,为系统的设计和开发提供有力的依据。

    相对于传统的软件系统的需求获取方法,人工智能技术本身也是一种需求获取方法。我们可以运用机器学习、大模型对文本、语音、视频、图形图像等资料进行识别、提取、整理,从而进行分类、总结,大幅提高工作效率。

    我们可以在需求获取过程中运用工具(如 DeepSeek、ChatGPT、TensorFlow、PyTorch、Keras、scikit-learn 等)来提高工作效率。

3.4.3　需求分析

    与传统的软件系统的需求类似,智能系统的需求可以划分为领域模型与应用模型两个方面。它们都可以采用用例来组织、分析。

    领域模型是指为了在特定领域内解决问题或执行任务而构建的模型,通常在业务领域用于保证与各类业务对象协作所需的业务数据、流程和环节处理逻辑。要构建一个有效的领域模型,需要深入理解该领域的特点和需求,以便智能系统能够准确地模拟和优化人类专家的决策过程。领域模型的精确度和完整性对系统的性能至关重要。智能系统领域模型包括的内容如表 3-5 所示。

表 3-5　　　　　　　　　　　智能系统领域模型包括的内容

对　　象	描　　述	示　　例
实体	领域模型包括所有相关的实体	病人、疾病、药物、症状，交易、账户、金融产品等
属性	与实体相关的特性或特征	病人的年龄、性别、病史，交易的金额、日期、类型等
关系	实体之间的连接或关联	医生和病人之间的关系、股票和市场之间的关系
约束	在实体或关系中施加的规则或限制条件	某种药物只能针对特定症状使用，交易必须符合法律法规
行为	实体可能执行的操作或活动	病人接受治疗、股票被买卖
时间	影响系统状态的特定时刻或时间段	病人入院、金融市场崩溃等
规则	定义系统如何响应特定情况的逻辑规则	诊断算法、信用评分模型
模型	实施智能推断决策的处理逻辑	人脸表情识别模型、术语发现模型
数据集	可用于模型建设的训练数据集、测试数据集	ImageNet、IMDb 数据集
知识	领域内特定的信息和数据	事实、假设和专家知识
接口	系统与外部交互的方式	数据输入输出、用户界面等
用例或场景	描述其他领域的模型要素如何解决业务问题的示例	运用人脸识别模型统计考勤的日志

应用模型主要描述在数据展示、人机交互、流程展现过程中所需的计算机处理特性。智能系统应用模型包括的内容如表 3-6 所示。

表 3-6　　　　　　　　　　　智能系统应用模型包括的内容

对　　象	描　　述	示　　例
数据采集和预处理	包括数据的收集、清洗、标注和转换等工作，以确保数据的质量和适用性	通过 Web Scraper 从多个电商网站上抓取商品信息，使用 pandas 进行清洗和去重
特征工程	对原始数据进行特征提取、选择和转换，便于机器学习算法的应用和训练	利用 TPOT（Tree-based Pipeline Optimization Tool，基于树的流水线优化工具）自动为图像数据选择更合适的特征和模型
模型选择和训练	选择合适的机器学习或深度学习模型，并进行模型的训练和优化	利用 XGBoost 对房价数据进行回归预测
模型评估和验证	对训练好的模型进行评估和验证，以确保模型的准确性和泛化能力	使用 Keras 的 evaluate( ) 函数对 RNN 模型进行评估
部署和应用	将训练好的模型部署到实际应用中，进行实时的预测和决策	使用 TensorFlow Serving 将训练好的深度学习模型部署为一个高性能的模型服务
监控和维护	对部署的模型进行监控和维护，以确保模型的稳定性和性能	感知困惑后主动提供手册帮助
反馈和迭代	根据实际应用的反馈和需求，对模型进行调整和优化，实现持续改进	使用 TensorBoard 计算损失函数、准确率等指标，帮助调整模型结构和超参数
原型界面和界面流	帮助用户按照业务逻辑访问、操控系统，实现业务目标	使用 Azure RP 实现人脸考勤
用例或场景	描述系统预期如何被使用，以及在特定情况下应如何响应的示例	一个训练人脸考勤模型并部署到服务器的过程日志

3.5 案例分析："学生课堂情绪预警管理"系统

课堂教学是教师向学生传授知识的一种非常直接的形式。课堂上的师生互动、小组讨论、师生与多媒体设备之间的互动，能够有效地提高学生的参与度和学习效果。如果能够运用人工智能技术，实时地监测学生在互动中的表现，可以帮助教师及时了解学生的学习状态，动态调整教学策略，提高学生的学习效果；也可以帮助教师因材施教，进行个别引导，提高学生参与学习、互动的积极性，满足不同学生的个性化需求；还可以帮助教师在课后总结教学经验，优化教学方案。

3.5.1 问题提出

【例3-1】 "学生课堂情绪预警管理"系统或模块在捕获需要教师注意的学生情绪后发出预警信号，同时给出改进建议，以便教师及时应对、调整。

在这个想法中，学生的课堂情绪有哪些类型，如何通过系统或模块捕获，可以对课堂教学提供什么帮助，怎样提供等问题，尚未得到清晰的阐述。但根据当前技术的发展，认为可以在某些程度上解决这些问题，并且这对课堂教学至少可以起到提示的作用。

3.5.2 整理业务

在开展课堂教学之前，教师需要按照一定的逻辑准备好教学的内容和各知识点的展现形式、媒介、工具，形成教学方案。在课堂教学活动中，教师是活动的主持人和活动节奏的把控者，教师通过语言、肢体动作、板书、幻灯片等将知识传递给学生，根据教学效果，动态调整教学方式。课后教师再评估教学效果、回顾教学过程，分析教学内容、教学效果与教学方案之间的联系，优化后续教学内容和教学方案。整个业务过程如图3-4所示。

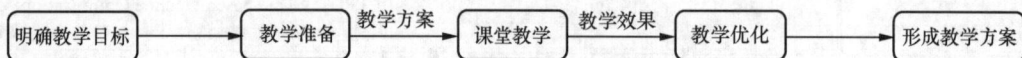

▲图3-4 课堂教学业务过程

3.5.3 寻找切入点

我们重点关注课堂教学活动的切入点。课堂教学活动大致的过程如图3-5所示。

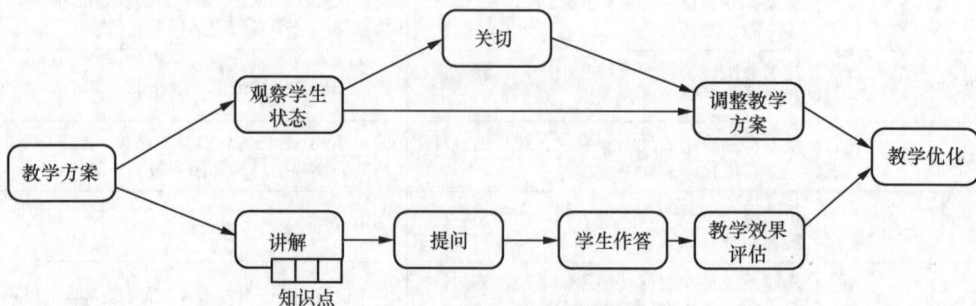

▲图3-5 课堂教学活动大致的过程

在这个过程中，教学效果具有多种表现方式——学生主动提问、提交作业、即兴展示、互相讨论/合作等。这些表现方式有些已经在传统教学中进行了量化，有些则依靠教师主观的评判，有些被忽略。

【例 3-2】　在课堂上教师难以及时掌握所有学生的状态、表情，"学生课堂情绪预警管理"系统可以帮助教师及时发现个别学生的异常情绪状态。在发现学生异常情绪状态后，一方面提示教师，另一方面记录当前时间和当前幻灯片画面，留存前后若干时段的多种类型的日志，以供系统自动分析或教师在课后进行人工分析。

【例 3-3】　这种管理的前提是具备捕捉学生情绪的硬件环境，如使用摄像头实时录像，其硬件成本可以接受。但远距离拍摄的视频分辨率有限，存在错误识别或识别失败的风险。这种识别仅仅是辅助手段，适当的提示并不会造成对教学过程的干扰。至于隐私风险，学校的防火墙和规章制度可以提供一定的保护能力，因而这种管理是可行的。

3.5.4　需求获取

可以从网络中心获取历史视频数据，或者教师在参与开发时自行拍摄；可以根据模型迭代的效果确定适合的视频参数和算力要求。

3.5.5　需求分析

"学生课堂情绪预警管理"系统的目标是在课堂教学过程中实时捕捉学生的异常情绪状态，及时提醒教师并记录存档，以便及时调整教学方案或课后优化。该系统主要的业务参与者为教师、学生和情绪预警器、课件管理器、同步器，主要的业务活动如图 3-6 所示。

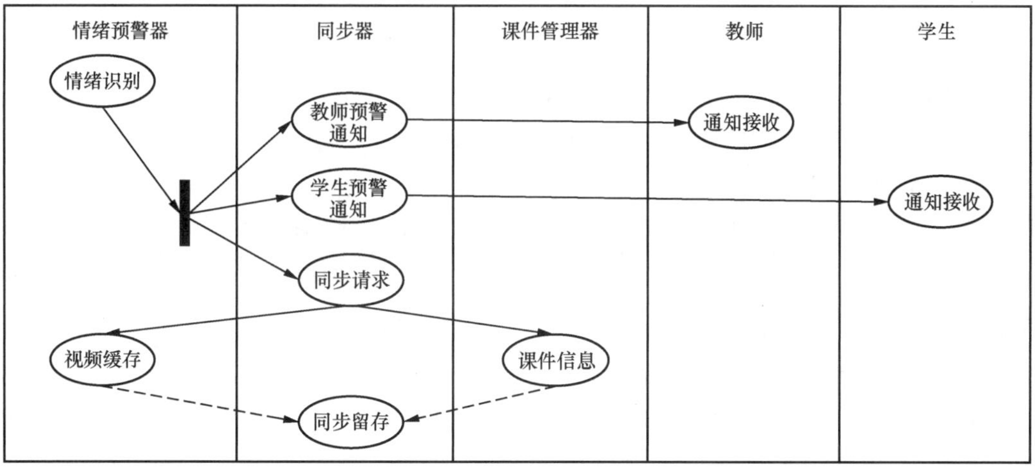

▲图 3-6　主要的业务活动

接入了摄像头的情绪预警器持续地识别学生情绪，当发现异常后，立即通知同步器。同步器启动同步存档工作，一方面同时通知相关教师，另一方面请求调用课件和异常发生前后的视频。在实现了视频与课件信息的同步后，保存相关信息，以备师生收到通知后按需查询、处理。

其中，情绪预警器运用了人工智能技术，课件管理器可以是智能体，也可以是传统的软件系统。智能体可以为师生和同步器提供知识点提取、课件摘要等高级服务。若非智能体，则可以提供课件、幻灯片、时间轴等信息，辅助师生查阅。

该系统主要的业务功能可用图 3-7 所示的业务用例图来概括。其中包括学生情绪识别、师生通知收发/核查、外部摄像仪实时视频留存、视频与课件同步。主要业务用例包括视频分析、课件信息同步、预警通知、通知核查等。

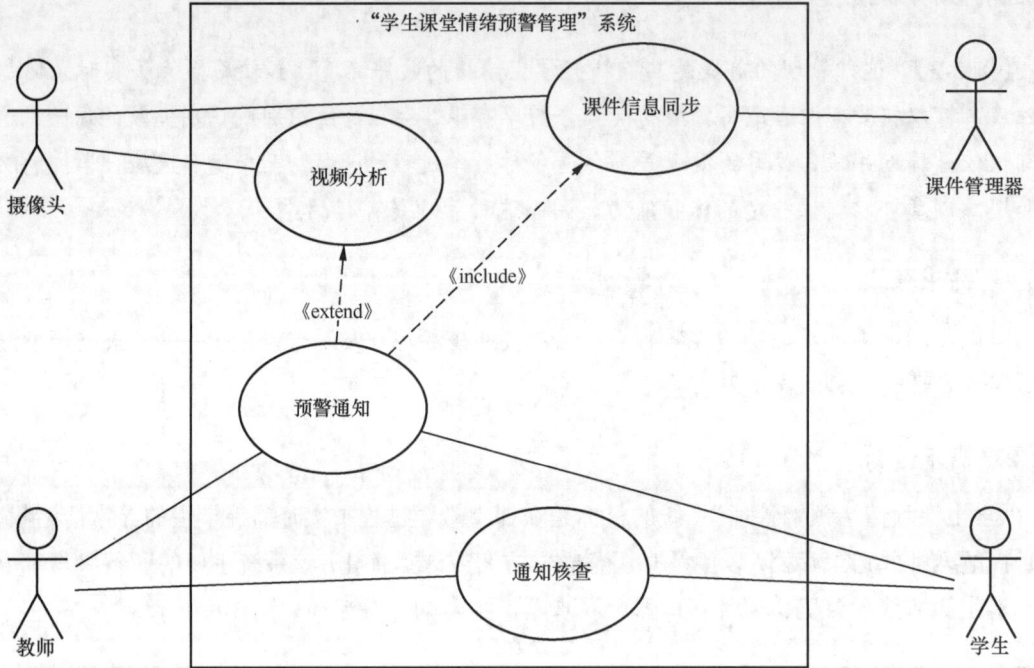

▲图 3-7 "学生课堂情绪预警管理"系统业务用例图

摄像头在拍摄视频的同时，持续执行情绪预警器提供的"视频分析"用例。若在分析过程中发现异常，则执行"预警通知"用例，通知相关师生，同时执行"课件信息同步"用例，收集、留存视频与课件信息。师生收到通知后，可以执行"通知核查"用例，对留存的预警信息进行核查，并可进一步实行个性化教学活动。

以"视频分析"为例，观察人工智能技术在其中的应用。在这个用例中，各参与方的交互过程如图 3-8 所示。

摄像头持续发送视频到情绪预警分析器。预警分析器根据预警策略进行分类决策。当出现需要预警的分类结果时，触发"预警通知"用例进行相应的处理。"视频分析"的业务类如图 3-9 所示。其中包括所有参与者、视频片段、课件、情绪预警分析器、预警策略和预警同步记录。其中的预警策略用于情绪预警分析器的预警分析，视频片段与课件记录的时间信息用于同步。

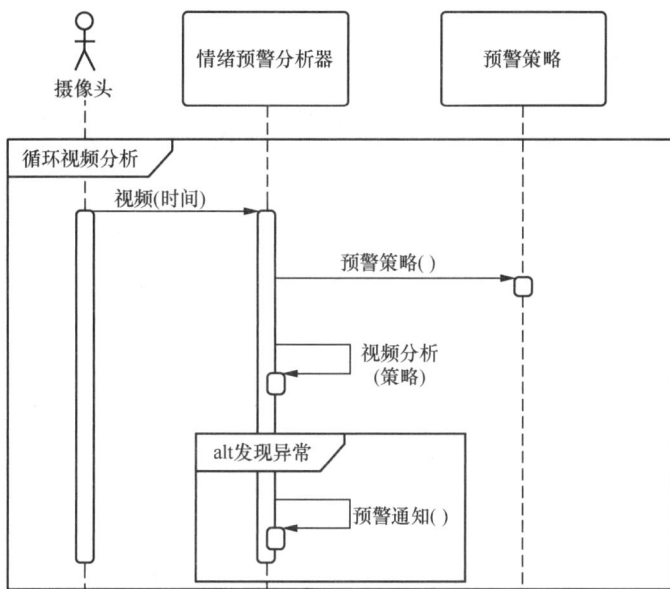

▲图 3-8　"视频分析"用例中各参与方的交互过程

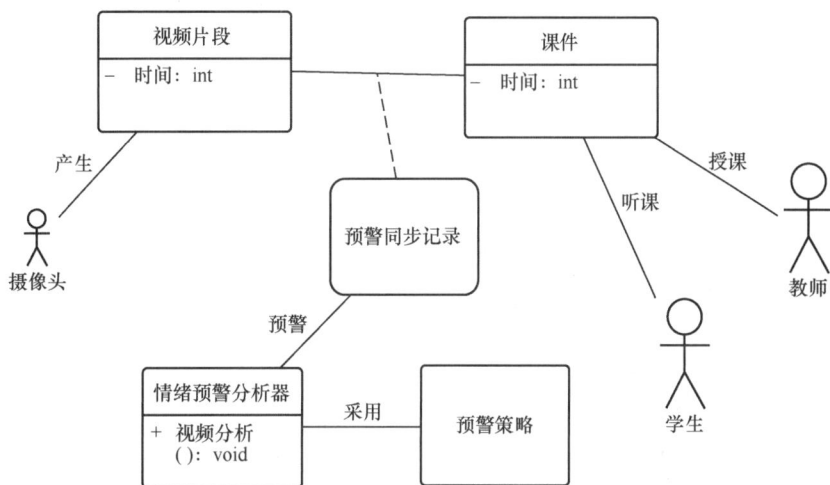

▲图 3-9　"视频分析"的业务类

3.6　小结

需求分析是人工智能系统开发过程中的关键步骤,它要求与最终用户、开发团队、运维人员和项目管理者进行深度的沟通和协作。通过收集和分析各方的需求,可以确保系统设计能够满足用户的实际工作流程和操作习惯。本章主要讨论了场景识别、可行性分析、需求获取、需求分析,并展示了一个案例分析。

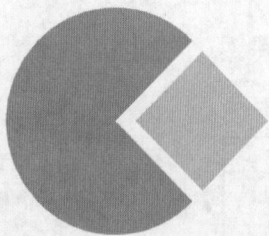

第4章　智能系统架构设计

架构设计指在构建一个具有高可用性、可扩展性和灵活性的智能系统时，所采用的方法和原则。架构设计的目的是实现系统的长期可维护性、可扩展性、可靠性和安全性，以满足未来的业务变化。在架构设计过程中，根据具体业务需求和系统特点，选择合适的方法，并考虑系统的可服务性、可靠性、安全性和可维护性等因素。此外，还需要考虑使用合适的设计工具和技术进行架构建模、评估和优化，确保系统能够满足用户的需求，并具备良好的可扩展性和适应性。对于智能系统架构设计，在遵循传统信息化系统架构设计一般原则的基础上，还应考虑自身的特殊性和复杂性。

本章将介绍智能系统架构设计所涉及的 IaaS（Infrastructure as a Service，基础设施即服务）平台、PaaS（Platform as a Service，平台即服务）平台、SaaS（Software as a Service，软件即服务）平台、MaaS（Model as a Service，模型即服务）平台等内容。

4.1　架构设计的八项原则

架构设计的八项原则也简称为"八性"，具体如下。

- 可服务性：从客户体验设计、架构设计、交付设计、功能设计等方面，考虑如何更好地满足客户的服务需求。

- 可集成性：在设计架构时，应充分考虑各层次之间的关联关系和结合方式，以及系统如何与第三方产品或系统进行集成和整合，包括数据交换集成方式及其接口设计，业务逻辑集成方式及其接口设计，协议调用集成方式及其接口设计。

- 可交付性：按照人工现场交付、人工现场+远程辅助交付、远程自动部署交付三种方式，评估和规划产品的可交付性。一般认为，能实现远程自动部署交付为优，人工现场交付为劣。

- 可维护性：按照可视化、自动化和规范化的要求，说明产品部署到客户现场后的运维方式，系统升级是否可以做到远程维护；新版本的产品是否可以同步发布和升级等。

- 可升级性：版本升级应保持兼容性和可继承性，避免出现不同版本之间不兼容的问题。

- 安全性：符合专业技术领域的安全性要求，满足国家网络安全等级保护基本要求，对于智能系统而言，伦理、合规和隐私保护也属于安全性设计需要考虑的问题。

- 技术先进性：采用的技术、开发模式符合当前主流技术发展的趋势和方向，将有关技术应用于产品可以提升产品和方案的竞争力。
- 创新性：系统设计开发后产生的成果（包括产生的专利、产品性能指标、行业竞争力）具有技术和业务模式的创新性。

4.2 智能系统总体架构设计

智能系统总体架构设计如图 4-1 所示。不同的层次承担不同的功能，它们共同协作实现整个智能系统的运行。

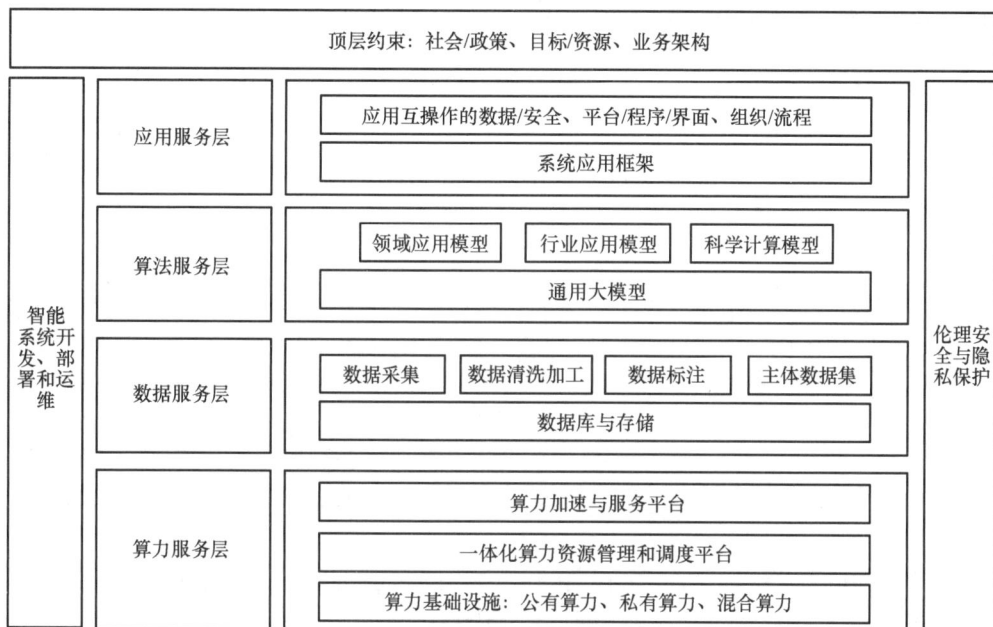

▲图 4-1 智能系统总体架构设计

从图 4-1 中可看出，智能系统开发、部署和运维主要涉及算力服务（IaaS）层、数据服务（PaaS）层、算法服务（MaaS）层和应用服务（SaaS）层，并受伦理安全与隐私保护的约束，其顶层设计受社会/政策、目标/资源、业务架构的约束。

算力服务层的算力基础设施主要包括公有算力、私有算力和混合算力。而一体化算力资源管理与调度平台是现代数据中心与云计算环境的关键组成部分，可以更有效地管理和利用计算资源，支持各种计算密集型和数据密集型的应用。算力加速与服务平台适用于需要处理大规模数据和复杂计算任务的场景，如科学研究、机器学习模型训练、大数据分析等。算力服务层通过提供高性能的计算资源和易于使用的服务，帮助用户加快创新和研究过程。

数据服务层提供一系列工具和平台，允许开发者在云环境中构建、测试、部署和管理应用程序，而无须关心底层硬件和操作系统的维护。数据服务层的功能包括数据采集、数据清洗加工、数据标注、主题数据集和数据库与存储。

算法服务层提供算法模型作为服务，允许用户通过云平台访问和使用各种预训练的算法和模型，而无须自己从头开始开发算法服务层。算法服务层主要涉及领域应用模型、行业应用模型、科学计算模型和通用大模型，并通过互联网提供功能齐全的软件应用程序给最终用户。

应用服务层通常由供应商托管和管理，用户可以通过网络访问其中的应用程序。应用服务层的目标是为用户提供一种便捷的方式来使用软件应用程序，而无须自己维护底层硬件和软件。通过应用服务层，用户可以专注于自己的业务，同时享受新的技术。应用服务层主要涉及应用互操作的数据/安全、平台/程序/界面、组织/流程和系统应用框架。

整体而言，智能系统总体架构设计强调了模块化、灵活性和可扩展性，这些特性使智能系统能够适应不断变化的需求和环境，同时保持高效性和可靠性。

4.3　以算力为基础的 IaaS 平台

以算力为基础的 IaaS 平台是一种云计算服务模式，通过互联网以即用即付的方式提供计算、存储和网络资源。用户可根据自己的需求灵活地扩展和缩减资源，而无须自己维护和升级硬件设施，以算力为基础的 IaaS 平台架构设计如图 4-2 所示，从下向上主要涉及算力资源、算力服务和算力资源管理。

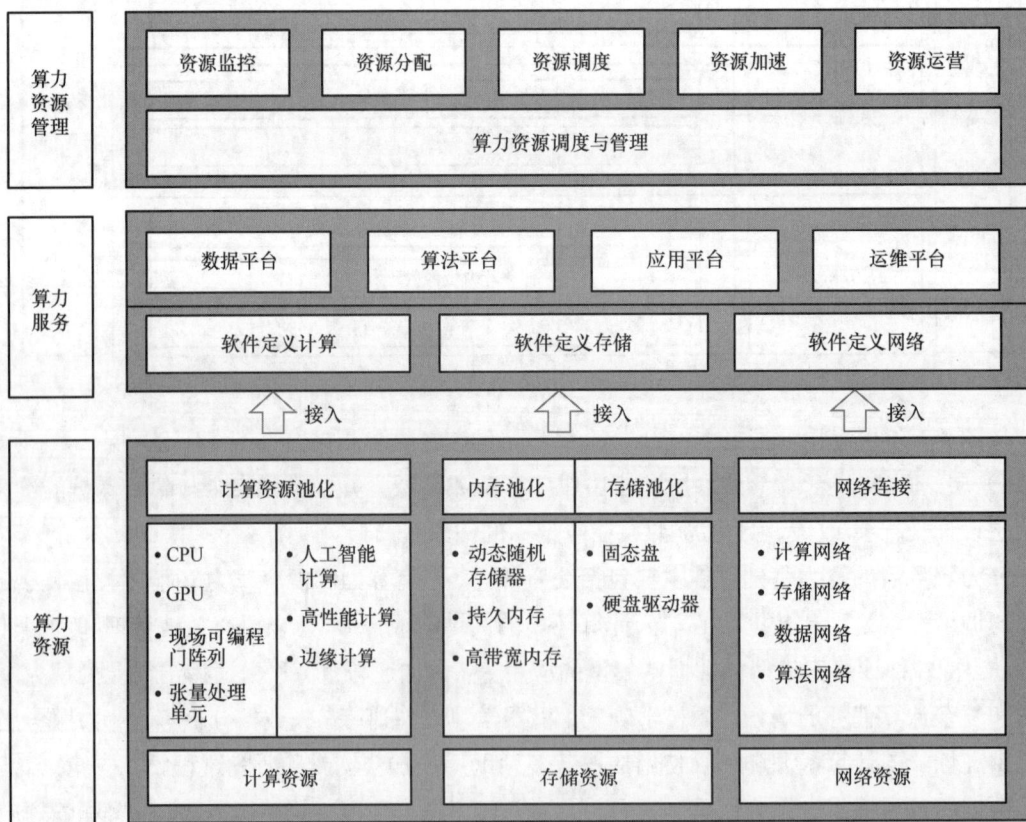

▲图 4-2　以算力为基础的 IaaS 平台架构设计

其中算力资源主要包括计算资源、存储资源和网络资源。各种算力资源均接入算力服务，通过软件定义计算、软件定义存储和软件定义网络，在数据平台、算法平台、应用平台和运维平台上提供算力服务。最上层是算力资源管理，主要涉及资源监控、资源分配、资源调度、资源加速和资源运营。

4.3.1　算力基础设施

传统云计算的 3 种模型如图 4-3 所示。

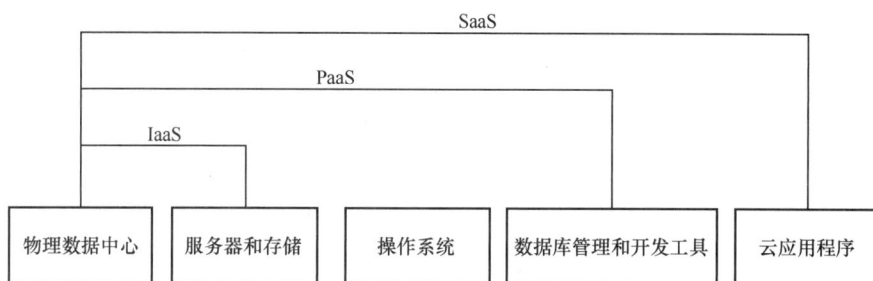

▲图 4-3　传统云计算的 3 种模型

其中，IaaS 是指由云供应商管理的云计算基础设施——物理数据中心、服务器和存储等，而 SaaS 是指托管在云中并由 SaaS 供应商维护的完整应用程序。如果说 SaaS 客户像租房子的人，那么 PaaS 客户就像租快速建造房子所需的设备和工具的人（主要针对开发人员），前提是这些设备和工具由其持有者持续维护和维修。

IaaS 是一种云计算服务模式，它提供计算、存储和网络等资源，将这些物理资源池化后以它们作为服务进行发布，用户无须管理对应的底层硬件资源，只要安装和管理操作系统、数据库、中间件及应用软件，就可通过云端访问和使用这些资源。

算力是计算机在执行任务时所需要的计算能力，包括 CPU（Central Processing Unit，中央处理器）、GPU 等硬件的计算能力。IaaS 平台通过将算力资源池化，能够提供灵活、高效的算力服务，满足不同用户的需求。用户根据自己的需求选择所需的算力资源，如 CPU 核数、内存大小、存储容量等，并能够实现动态扩展和缩减。IaaS 平台还提供了丰富的 API，用户可以通过这些 API 实现自动化管理和调度，例如，自动部署应用程序、监控资源使用情况、调整资源分配等。此外，IaaS 平台还提供了安全可靠的数据存储和备份服务，保障用户数据的安全性。

图 4-4 展示了某在线视频处理系统架构设计案例。在这个案例中，架构的外层被划分为以下 3 个平面。

- 用户平面：从用户视角出发，探讨用户如何与系统进行交互和操作。工作流调用、Lambda 函数调用和控制台使用易于理解。VLab 指虚拟实验室（Virtual Laboratory），是一种通过软件模拟真实实验室环境的系统，允许用户进行实验和研究，而不需要实际的物理设备。

- 控制平面：面向开发团队、运维团队和支持团队，涉及如何对系统进行管理和控制，以及在系统发生故障时如何进行有效的维护和采取紧急响应措施。其中，BMF 为 Babit

Multimedia Framework，即火山引擎多媒体处理框架。Lambda 函数是一种事件驱动的计算服务，通常在云平台上实现，它能运行代码以响应各种事件，而无须管理服务器或运行时环境，Lambda 函数通常用于快速响应查询，执行轻量级的数据处理任务，并且可以按需扩展。

- 数据平面：系统每日都会生成大量的信息数据。一方面，这些数据能够用来进行深入分析，为系统的优化提供指导；另一方面，它们可用于数据分析、计量计费和监控报警等。

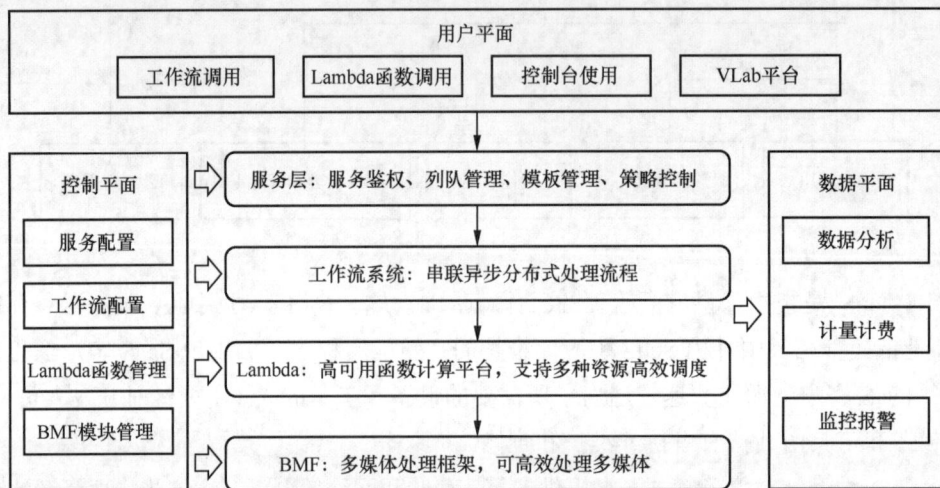

▲图 4-4　某在线视频处理系统架构设计案例

在上述案例中，使用 IaaS 平台可以根据视频处理负载动态调整资源。在高峰时段，自动增加服务器实例以处理更多的视频。在低峰时段，减少服务器实例以节省成本。

4.3.2　算力资源调度与管理平台

本书涉及的算力资源调度与管理主要是从算力资源使用者的角度来考虑的。在平台架构设计上，可将资源管理分为服务管理层和资源监控层。算力资源调度与管理平台是用于优化与管理不同类型和来源的算力资源以满足各种计算需求的关键系统。相对于传统的云计算资源调度管理平台，算力资源调度与管理平台在技术上要复杂得多，在工程设计中要考虑的因素也更多。我们在考虑算力资源调度与管理时首先应明确是站在服务提供者还是智能系统的应用者的角度来考虑，所处角度不同，规划设计策略也不同。如果站在智能系统的应用者的角度，向下调用算力资源的目的是使用所获得的资源；如果站在服务提供者的角度，算力资源调度管理则更多地考虑资源的分配使用、服务交付和服务支持，以及计费规则等。

4.3.3　算力加速与服务平台

随着技术的发展和用户需求的增长，IaaS 平台正不断提升其算力加速和服务能力，以支持更广泛的应用场景和更高效的资源利用。IaaS 平台的算力加速与服务能力主要体现在以下几个方面。

- 虚拟化技术：IaaS 平台通过虚拟化技术将物理资源转换为虚拟资源，用户可以根据需要快速获取和配置所需的计算资源。
- 弹性伸缩：IaaS 平台支持资源的动态扩展和缩减，以适应工作负载的变化，提高资源利用率。
- 自动化管理：IaaS 平台提供自动化的管理工具，简化资源的部署、监控和维护工作。
- 专用硬件加速：一些 IaaS 平台使用专用硬件〔如 DPU（Data Processing Unit，数据处理单元）〕来减少 CPU 的数据处理任务，提升计算效率。
- 高性能网络：IaaS 平台提供高性能的网络连接，如百度智能云支持 200 Gbit/s 的网络带宽，满足模型训练时的高带宽需求。
- 异构计算支持：IaaS 平台支持 GPU、FPGA（Field Programmable Gate Array，现场可编程门阵列）等异构计算资源，满足高性能计算场景的需求。

4.4　以数据为基础的 PaaS 平台

PaaS 在 IaaS 的基础上配置平台软件层，包括安装操作系统、数据库、中间件及各种开发调试工具等，为开发者提供可用的编程语言、库、服务及开发工具，支持其开发、调试和配置应用软件。常见 PaaS 服务有 Web 应用、容器和数据库服务等。

在模型训练方面，PaaS 提供了丰富的计算资源和优化工具。人工智能模型的训练通常需要基于大量的数据进行，因此需要高性能的计算资源来处理这些数据。PaaS 可以提供强大的分布式计算能力，使开发者能够高效地训练复杂的人工智能模型。此外，PaaS 还提供了各种优化工具，如自动混合精度训练、模型压缩和量化等，这些优化工具能够大大加快模型的训练过程并提高模型的性能。

在模型部署方面，PaaS 提供了自动化的部署工具和管理功能，使开发者可以轻松地将训练完成的模型部署到云端。此外，PaaS 还提供了各种监控和管理工具，使开发者可以实时监控模型的运行状态并进行调整。

此外，PaaS 还提供了可扩展性和灵活性。随着智能系统的规模和复杂度的增加，计算资源和数据处理需求也会相应增加。PaaS 提供弹性的计算资源，使开发者可以根据需要调整计算资源和数据处理能力。这有助于确保智能系统的性能。

以数据为基础的 PaaS 平台架构设计如图 4-5 所示。

该架构从下向上分别是数据采集、数据存储、数据处理、数据服务和数据运营。其中数据采集主要包括实时数据采集、业务数据重整、第三方数据对接和网络数据抓取。数据采集后，将关系、非关系、向量和图数据等存储在数据库中，存储类型包括结构化数据、半结构化数据和非结构化数据。在数据处理阶段，先进行数据清洗加工，再将数据归集到各个主题数据库中。在数据服务阶段，提供数据训练服务、算法服务、应用服务和运维服务。最后是数据运营，主要包括数据生命周期管理、数据治理、数据资产管理、数据监控和数据备份等。

图 4-6 所示为某金融分析服务架构设计案例，在这个案例中，该服务使用 PaaS 平台进行

金融数据的收集和处理。通过人工智能模型分析市场趋势，并提供投资建议。平台的自动化部署功能使新模型可以快速上线。

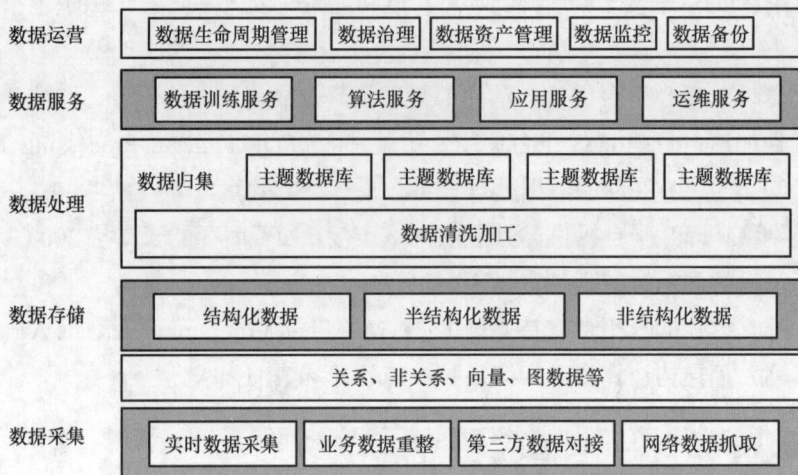

▲图 4-5 以数据为基础的 PaaS 平台架构设计

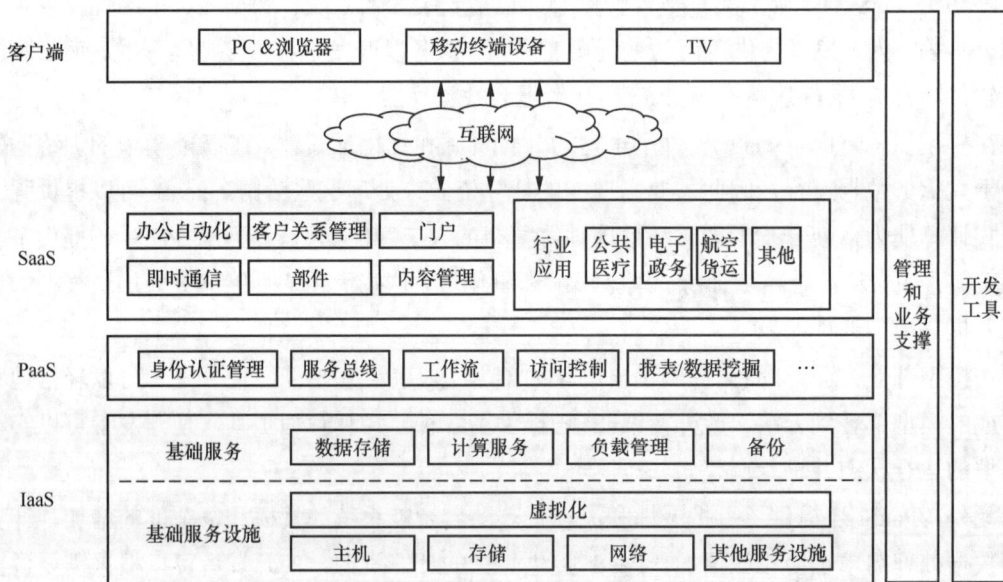

▲图 4-6 某金融分析服务架构设计案例

综上所述，PaaS 在智能系统开发中起到了重要的作用，特别是在模型训练和部署平台方面。PaaS 为开发者提供了完整的开发环境、强大的计算资源和优化工具、自动化的部署和管理功能以及可扩展性和灵活性。未来随着人工智能技术的不断发展，PaaS 将更加重要。

4.5 以大模型为基础的 MaaS 平台

随着人工智能技术的发展（尤其是以 ChatGPT 为代表的大模型技术），众多的云计算厂商纷纷推出新的产品形态。MaaS 是一种代表性的人工智能服务模式，也是一种新型的云计算模式。MaaS 将算法和机器学习模型作为服务提供，使用户无须拥有高性能的硬件设备或专业技能，就能使用高质量的机器学习算法和模型。

MaaS 是一种通过云平台提供机器学习模型的先进服务模式。与传统的云计算服务模式（IaaS、PaaS、SaaS）相比，MaaS 平台专注于机器学习领域，提供了更高层次的抽象和定制化服务。这种服务模式的优势在于，它简化了机器学习模型使用和部署的过程，使用户能够更加便捷、高效地利用这些模型。由于 MaaS 平台的核心是算法，因此 MaaS 平台的架构设计又称为算法平台架构设计。图 4-7 展示算法平台架构设计。其中主要包括算法网络、算法模型和算法服务。算法网络包括 DNN（Deep Neural Network，深度神经网络）、CNN（Convolutional Neural Network，卷积神经网络）、RNN（Recurrent Neural Network，循环神经网络）和 LSTM（Long Short-Term Memory，长短期记忆）网络等。算法模型主要包括通用大模型、领域基础模型和行业应用模型等。算法服务部分通过 API 开发与调用实现数据集管理、模型管理、模型库训练/微调/优化。

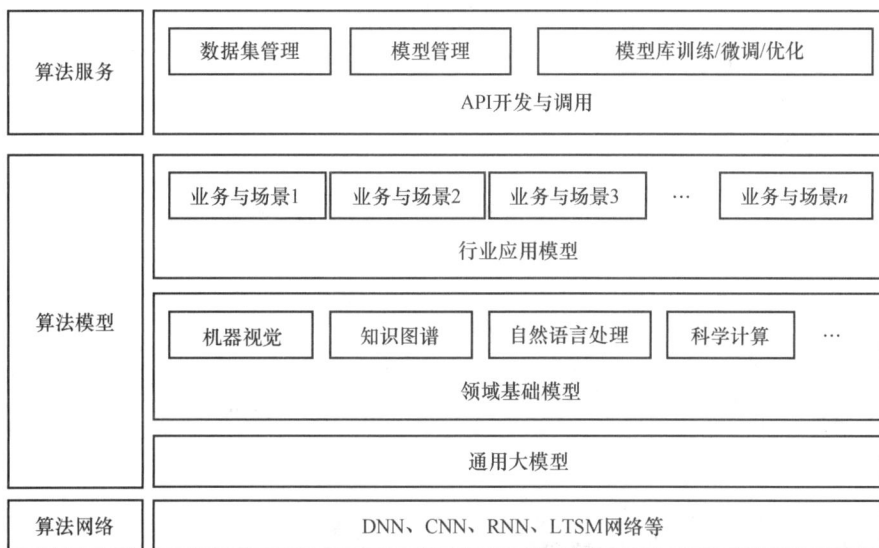

▲图 4-7　算法平台架构设计

图 4-8 展示了某医疗影像分析系统架构设计案例。在这个案例中，医疗设备公司使用 MaaS 平台提供的人工智能模型进行影像分析。医生上传患者的影像资料，人工智能模型自动分析并提供诊断建议。这大大提高了诊断的效率和准确性。

MaaS 的核心服务主要包括以下 3 个方面。

- **模型训练服务**：MaaS 提供了一种可扩展的方式来训练机器学习模型。用户只需上传数据和配置参数，即可训练出所需的机器学习模型。这种方式极大地降低了模型训练的门槛，使没有专业背景的用户也能轻松上手。
- **模型部署服务**：在完成模型训练后，MaaS 平台允许用户将训练好的模型部署到云端或本地设备上。这一过程无须用户具备相关的部署经验，MaaS 平台会自动完成相关配置，使模型能够在测试和实际生产环境中顺利运行。

- **模型调用服务**：MaaS 提供了强大的 API，使用户能够轻松调用已部署的模型。无论是实时预测还是批处理，用户都能通过简单的 API 调用实现，这大大提高了工作效率。在人工智能领域中，MaaS 的应用前景广阔。它使中小企业和个人开发者也能参与到人工智能应用的开发中，为人工智能的普及和应用带来新的可能性。同时，MaaS 平台的出现推动了人工智能行业的发展，许多人工智能初创公司利用 MaaS 平台快速搭建自己的人工智能应用，加快技术的迭代速度。

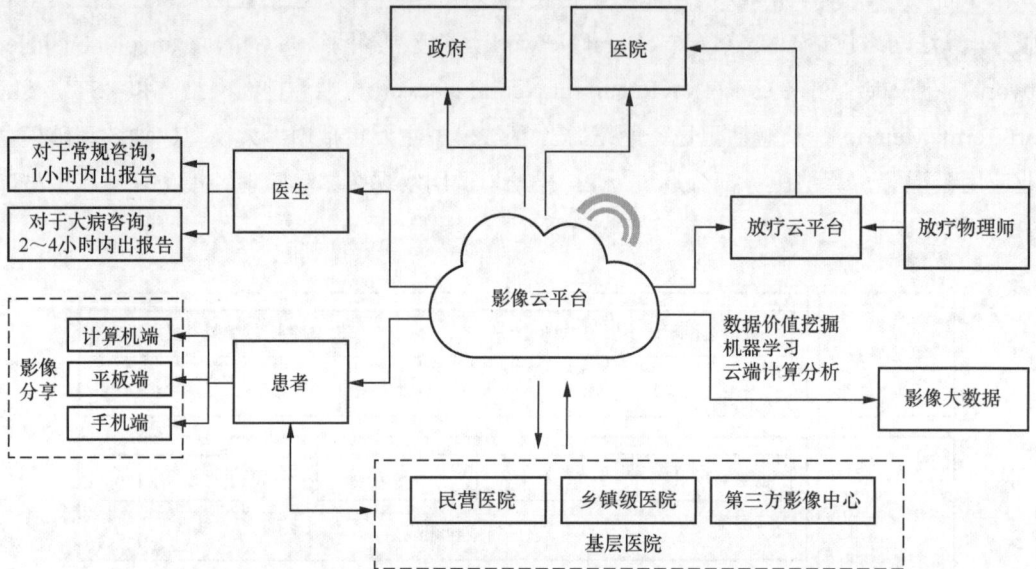

▲图 4-8　某医疗影像分析系统架构设计案例

总体而言，MaaS 从本质上降低了全社会使用、开发人工智能应用的门槛。"性价比"是用户选择 MaaS 平台的重要考量依据。MaaS 正以其低门槛、高效率的特点，逐渐改变人工智能行业的面貌。

4.6　面向智能应用的 SaaS 平台

SaaS 平台将云端已安装与配置好的应用软件作为服务提供给用户，用户可使用多种类型的终端设备通过轻量级的客户端接口（如浏览器等）接入访问，从而进一步降低使用应用软件所需的技术门槛。某企业 SaaS 基本架构如图 4-9 所示。

其中，基础层是 IaaS 供应商提供的算力基础设施，企业用户在其上租用、配置、管理自身资产和业务系统所需的软硬件环境，包括硬件资源等基础设施和操作系统、中间件、数据库等平台工具以及身份认证、数据存储等平台服务。以人工智能能力为特色的资产层主要包括数据、人工智能模型、其他人工智能工具和产品，以及相关的行业报告和专利标准。业务系统层的各类构件、组件、套件、系统均可以云的形态部署、分发或租借，包括安全管理、可用性、报表模板等基础业务，以及面向各类角色、部门的应用套件/组件、生态关系管理、业务综合系统。决策层用于对企业系统状态的全面监控和重要决策，以及为系统、产品的反馈处理、演进提供能力支持，同时在全局范围内为企业对文化、法规的遵守状态检测和海外市场拓展提供辅助性的智能引导。这些层以云的形态部署运营，既可满足企业自身生产的需求，也可满足对外服务的要求。

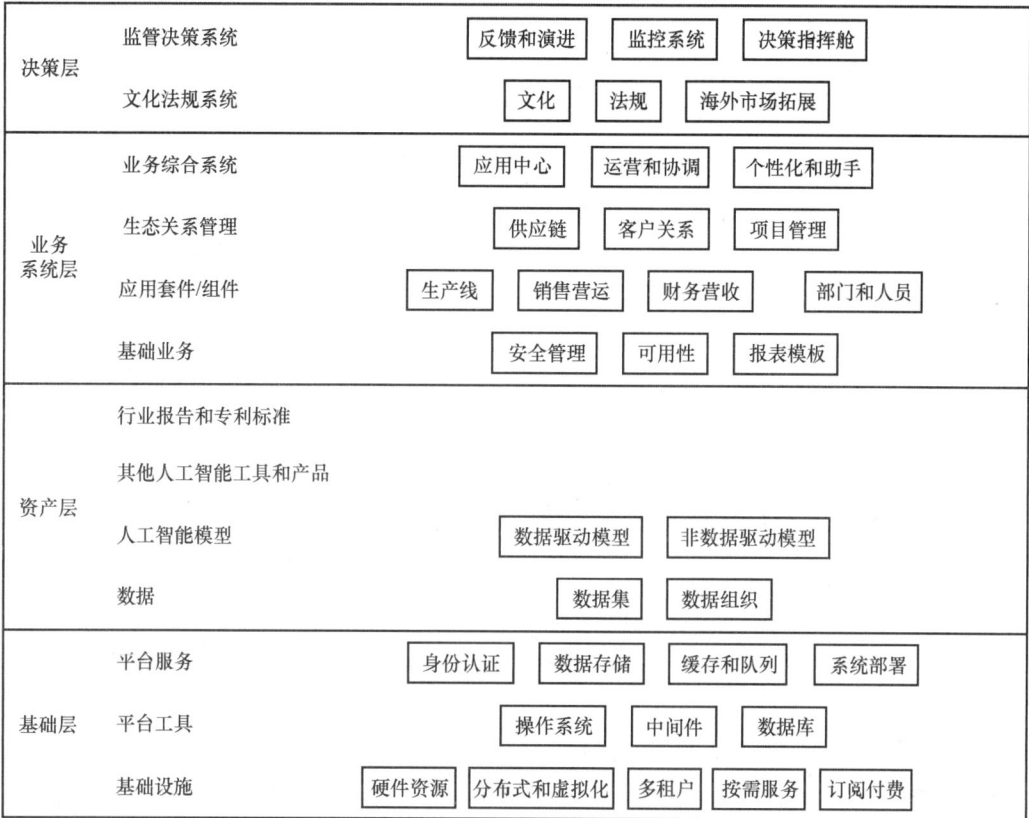

▲图 4-9 某企业 SaaS 基本架构

图 4-10 为客户服务机器人架构设计案例。在这个案例中，该基于 SaaS 的客户服务机器人能通过自然语言处理技术理解客户的问题，并提供相应的解答。机器人的多租户架构允许不同公司定制自己的服务流程。

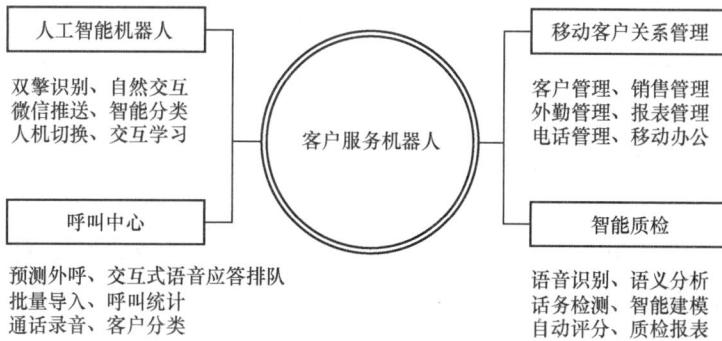

▲图 4-10 客户服务机器人架构设计案例

总之，将 SaaS 概念扩展到人工智能，不仅有助于推动人工智能技术的快速发展和应用，还可以降低用户的使用成本和维护成本。

4.7 智能系统架构设计中要注意的问题

智能系统架构设计是一个复杂的过程，涉及较多细节。下面将对这些方面进行解释。

4.7.1 架构设计中的层次关系与处理策略

在云计算架构设计中，架构被习惯性地分为 3 层——IaaS 层、PaaS 层、SaaS 层，但在智能系统架构设计中，将其分成 4 层——IaaS 层、PaaS 层、MaaS 层和 SaaS 层。

在架构设计中，层与子层的关系就好比一栋建筑物的地基和框架结构的关系，其核心在于精确计算出支撑建筑物的力学结构，这样才能保证建筑物的稳定性。在智能系统中，架构设计的核心在于精确描述系统的业务逻辑关系和数据流的关系。有经验的架构师往往需要仔细评估将系统中的哪些功能放在哪个层次上得到的效果更好。

4.7.2 数据流设计

数据流设计就是将数据从一个地方传输到另一个地方的流程规划。数据流设计的目的是通过分析和设计数据流动，以确保数据在组织内部和外部顺畅、高效和安全地流动。智能系统的数据流设计主要包括以下 8 个步骤。

（1）**数据源分析**。数据源可能包括各种传感器、数据库、文件、网络数据流等。数据源分析的目的是确定数据的类型、格式、质量、可用性，以便进行后续的数据采集与传输、预处理和存储。

（2）**数据采集与传输**。根据数据源分析的结果，设计相应的数据采集方式，如通过硬件接口、网络爬虫等进行数据采集。采集到的数据需要经过适当的处理和格式转换，然后通过数据传输技术将其送至数据预处理模块。在数据传输过程中，需要确保数据的完整性和安全性。

（3）**数据预处理**。数据预处理通过对原始数据进行清洗、过滤、分类和组织等操作，消除噪声、异常值和重复数据，为后续的步骤提供高质量的数据集。数据预处理可能涉及的方法包括数据清洗、特征提取、数据缩放和编码等。

（4）**数据存储**。为了确保数据的可靠性和可扩展性，还要设计适当的**数据存储方案**。根据数据的性质和被访问频率，可选择不同的存储介质（如关系数据库、非关系数据库、分布式文件系统等）和存储方式。同时，要考虑数据的备份和恢复机制，以应对数据丢失。

（5）**数据计算与处理**。在数据存储方案设计的基础上，设计相应的数据计算与处理模块。该模块可能涉及各种机器学习和数据分析算法，如分类、聚类、回归和时间序列分析等。通过计算和处理数据，可挖掘出有价值的信息和知识，为智能系统的决策和预测提供支持。

（6）**数据安全与隐私保护**。在智能系统数据流设计中，要考虑数据安全与隐私保护问题。为了确保数据的完整性，可以采取数据加密、哈希等技术手段。同时，要对敏感数据进行脱敏处理，以保护用户的隐私。此外，还需要制定严格的数据访问控制和审计机制，防止未经授权的访问和滥用。

（7）**数据可视化与报表生成**。为了方便用户理解和使用数据分析结果，要设计数据可视化与报表生成模块。该模块可以将计算和分析后的数据以图形的方式展示，并提供各类报表以满足不同需求。通过数据可视化与报表生成，用户可以快速了解数据的分布、趋势和关联关系等信息。

（8）**数据反馈与优化**。对于智能系统的数据流设计，还要考虑数据反馈与优化问题。根据实际运行情况和使用效果，可以对数据采集与传输等步骤进行持续优化和改进。通过收集用户反馈和使用数据，可以进一步了解用户需求和使用习惯，以便不断完善和提升智能系统的性能和效果。同时，还需要建立相应的日志记录和监控机制，以便对系统运行情况进行实时跟踪和异常处理。

在数据流设计中，还涉及跨层数据流和平行层数据流。其中，跨层数据流是一种在智能系统中被广泛应用的技术，主要用于提高系统的性能和效率。在智能系统中，数据流通常跨越多个层次，例如，硬件层、操作系统层、应用层等。跨层数据流技术通过优化各层之间的数据传输和处理，实现系统整体性能的提升。通常智能系统的每个层次负责处理和分析数据的不同方面。平行层数据流是智能系统中用于描述数据在不同层次间流动和处理的数据流。

图 4-11 展示了某智能供应链管理系统架构设计案例。在这个案例中，该系统通过实时监控库存和需求数据，优化库存水平和物流安排。数据流设计确保了数据分析的准确性和实时性，从而提高了供应链的效率。

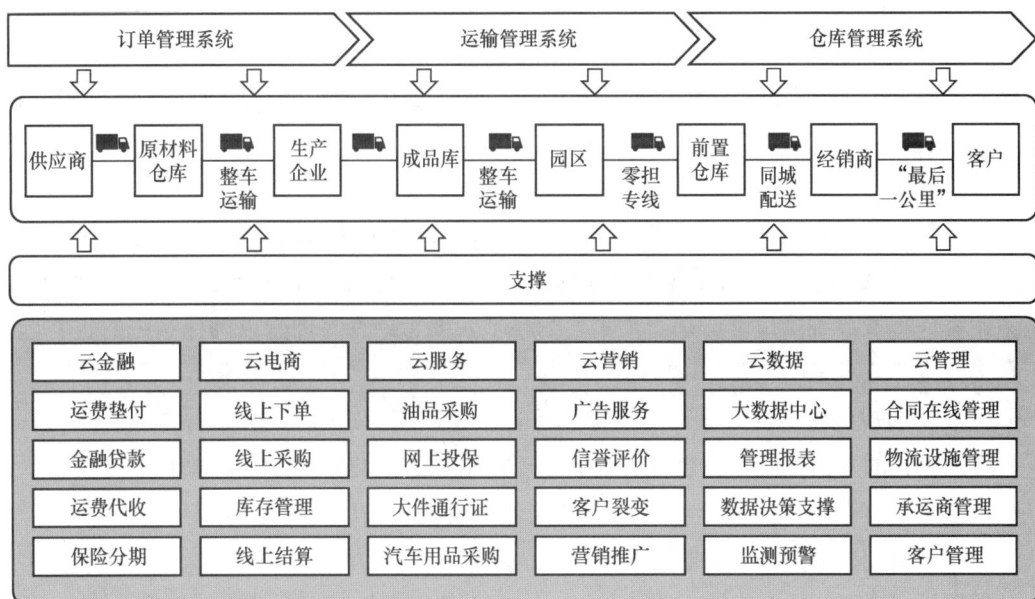

▲图 4-11 某智能供应链管理系统架构设计案例

4.7.3 接口设计

智能系统的接口通常用于实现系统与其用户、外部设备或其他系统之间的交互。接口可以是物理的，也可以是逻辑的，它们允许数据、信息或信号的交换。接口主要涉及用户界面（User

Interface，UI）、API、通信接口、数据接口、安全接口、标准化接口等。在实际应用中，通过接口总线或路由设计的工程化范式构建可以有效解决这类问题。

在智能系统架构设计中，南向接口、北向接口、东向接口和西向接口这些术语通常用于描述系统的不同通信方向或层次之间的交互。

这些术语借鉴了南、北、东、西地理方向，但在技术领域，它们的具体含义如下。

- 南向接口（southbound interface）：智能系统与其下层或底层设备、硬件或基础设施之间的接口。例如，在网络架构中，南向接口可以是路由器或交换机与连接的设备之间的接口。在智能家居系统中，南向接口可能指的是智能控制中心与家中各种智能设备之间的接口。

- 北向接口（northbound interface）：智能系统与其上层系统或应用之间的接口。例如，在网络架构中，北向接口可以是网络设备与更高级别的管理系统或网络运营中心之间的接口。在智能城市应用中，北向接口允许城市管理软件与城市中的各种智能传感器和监控系统进行交互。

- 东向接口（eastbound interface）：在智能系统中不是一个常见的术语，因为在"东西南北"这 4 个方向中通常只用两个来描述系统的层级关系（南向代表向下，北向代表向上）。然而，如果需要使用东向接口这个概念，它可能代表系统与同一层级中另一个系统或模块的交互接口，类似于"东邻"的概念。

- 西向接口（westbound interface）：与东向接口类似，在标准的智能系统中不常见。如果需要使用，它可能代表与同一层级中另一个系统或模块的交互接口，类似于"西邻"的概念。

在实际应用中，南向和北向接口是较常用的，它们定义了智能系统中不同层级的通信和数据流。东向接口和西向接口的使用范围较窄，它们可能出现在特定的技术文档或特定上下文中，用于描述同一层级上不同系统或组件之间的交互。

智能系统的设计需要考虑各种接口的方向和特性，以确保系统的可用性、互操作性和可扩展性。良好的接口设计可以提升用户体验，增强系统的灵活性，并允许系统与广泛的设备和服务兼容。智能系统接口设计是一个重要的环节，要考虑许多因素以确保系统的正常运作。以下是接口设计应遵循的主要原则。

- **标准化和规范化**：接口设计应遵循国际标准、国家标准或行业标准，以确保与其他系统或设备的互操作性和兼容性，也有助于降低系统的复杂性和提高系统的可靠性。

- **安全性**：接口设计应充分考虑安全性，包括数据加密、访问控制、身份验证等方面，以防止未经授权的访问和数据泄露。

- **易用性**：接口应易于使用，对用户友好。良好的用户体验可以提高系统的利用率和效率。

- **灵活性**：接口设计应较灵活，可以适应不同的设备和环境。同时，接口应能支持多种通信协议和数据格式。

- **可扩展性**：随着技术的不断发展和进步，系统可能需要更新或扩展。接口设计应充分考虑未来的需求和发展，以确保系统的可扩展性。

- **可靠性**：接口设计较可靠，能够保证数据的准确性和完整性。同时，接口应具有一定的容错能力，以应对意外情况或错误操作。
- **可维护性**：接口设计应易于维护和升级，方便故障排查和修复。同时，接口应提供必要的技术文档和说明，以支持维护和升级工作。

图 4-12 展示了一个物联网平台架构设计案例。在该案例中，物联网平台通过标准化的接口连接各种智能设备。这些接口支持多种通信协议，使设备能够无缝集成和交换数据。

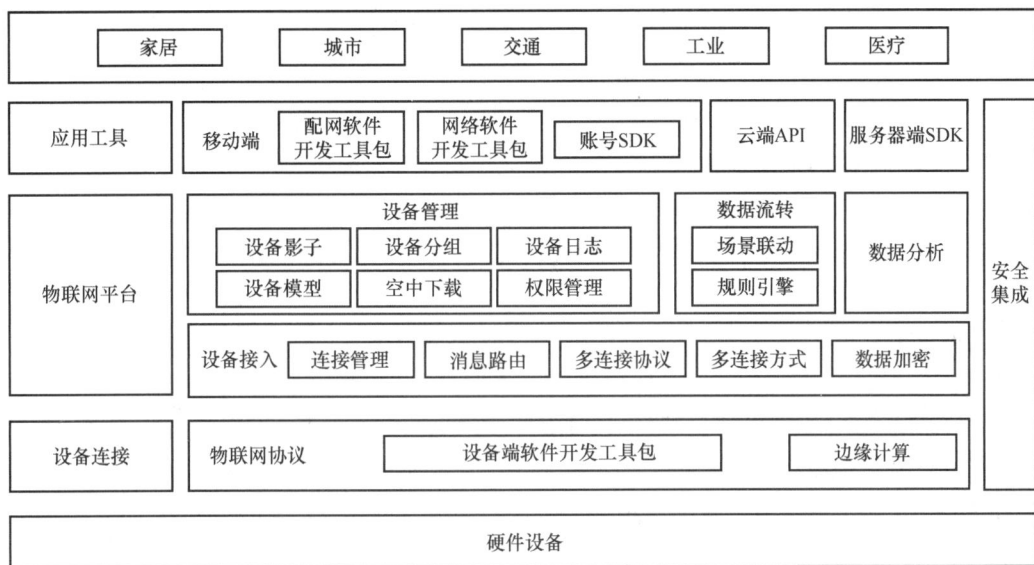

▲图 4-12 物联网平台架构设计案例

以上是智能系统接口设计的参考和指导。在实际应用中，根据具体需求和场景，选择合适的接口技术和方案，以确保系统的性能。

4.8 智能系统开发、部署和运维

智能系统开发、部署和运维是现代企业数字化转型的基石。在智能系统的开发阶段，深入理解业务需求，采用先进的算法与架构设计，确保系统的高性能与可扩展性。在开发过程中，持续集成和持续部署尤为重要，它们能加快迭代速度，提高软件质量。在部署阶段，考虑系统的可移植性与兼容性，确保其在不同环境下稳定运行。云原生技术（如容器化、微服务架构等）的兴起为智能系统的部署提供了极大的便利与灵活性。同时，应用自动化部署工具与流程，能够减少人为错误，提高部署效率。而运维阶段则是保障系统稳定运行的关键，需要通过实时监控、日志分析等手段，及时发现并处理系统异常。同时，建立完善的备份与恢复机制，以应对可能的数据丢失或系统崩溃风险。此外，持续优化系统性能与提高资源利用率，也是运维阶段的重点工作之一。

综上所述，智能系统的开发、部署和运维是一个复杂而系统的工程，需要专业的团队与先进的技术手段协作完成。只有如此，才能确保智能系统在企业数字化转型中发挥更大的价值。

4.9 智能系统伦理、安全和隐私保护

在现代社会中，智能系统伦理、安全和隐私保护已变得不可忽视。在伦理层面，智能系统的设计与应用应遵循道德原则，确保决策过程公正、透明，避免算法偏见和歧视。同时，开发人员应充分考虑技术对人类社会的长远影响，确保技术发展与社会伦理价值观相协调。在安全方面，智能系统必须具备强大的安全防护能力，以降低网络攻击和数据泄露风险。通过采用先进的加密技术、身份验证机制和访问控制策略，确保系统数据的安全性和完整性。隐私保护则是智能系统设计与应用中最敏感的问题之一。用户数据是智能系统运行的基石，但任何数据的收集、处理和使用都应在用户明确同意的前提下进行。同时，系统应提供严格的隐私保护措施，防止用户的数据被滥用或泄露。只有这样，才能让用户建立起对智能系统的信任，推动其健康、可持续地发展。

本书第 9 章将详细介绍智能系统伦理、安全和隐私保护策略。

4.10 小结

在进行智能系统架构设计时，要综合考虑业务需求、技术选型、系统质量等因素，并充分与业务和用户需求对接，这样才能设计出真正符合实际情况的架构，并为系统的长期发展打下坚实的基础。本章主要介绍了智能系统架构设计的细节。

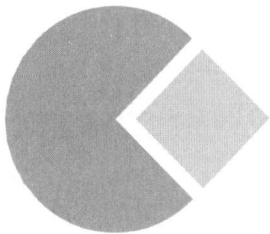

第5章　智能系统算力平台设计

在智能系统中，算力是关键。随着人工智能和大数据技术的发展，系统对算力的需求日益增长，因此，设计高效的算力平台至关重要。智能系统需要多种算力资源，如计算资源、存储资源和网络资源，以确保整体性能。在设计算力平台时，需要进行算力资源的识别、需求分析和调度管理。采用硬件加速、并行计算、算法优化等技术，可以提高资源利用率和计算效率。此外，虚拟化技术和容器化技术也有助于提高资源利用率与管理的灵活性，降低成本。总之，算力平台的优化对智能系统的性能和效率提升至关重要。

5.1　算力设计原则

算力设计原则（见图5-1）在设计智能系统算力平台时至关重要。通过遵循这些原则，企业和研究机构可有效管理算力资源，实现可持续发展。本节将介绍各原则及其实现方法，帮助读者解决设计中遇到的问题。

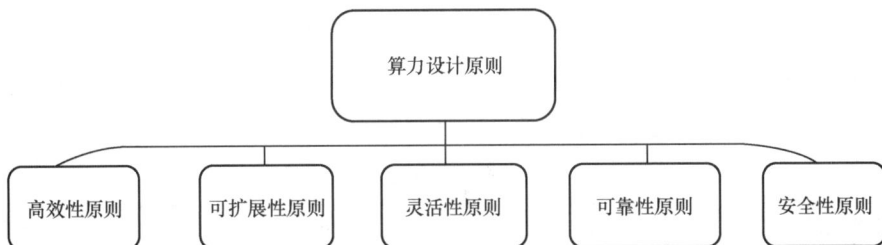

▲图5-1　算力设计原则

在设计智能系统算力平台时，高效性至关重要。高效性的实现受资源利用率和能耗的影响。采用容器化技术，如 Docker 和 Kubernetes，可提高资源分配和利用效率。Kubernetes 通过动态调度和自动缩放，优化服务器负载，提升资源利用率和成本效益。

可扩展性原则确保系统适应未来增长和变化。模块化设计能降低复杂性，提高开发效率，支持新功能快速集成。基于云服务平台，如 AWS，利用弹性计算和存储资源，支持横向和纵向扩展，实现业务全球部署。

灵活性原则要求系统能够动态调整资源以适应业务需求。通过自动扩展机制和监控指标，系统能在高负载下迅速扩展资源，在低负载下自动缩减资源，优化资源利用效率。例如，电商平台在业务高峰期通过自动扩展服务器数量，确保网站响应速度，并在负载减小时释放资源。容器编排工具（如 Kubernetes）可用于实现自动化部署和故障恢复，提高系统的灵活性和可用性。例如，金融机构利用 Kubernetes 实现微服务自动化管理，增强系统的可靠性和自愈能力；合理配置资源，避免资源争用和过度使用，进一步提升系统的灵活性。

为了确保系统的高可用性和稳定性，采用冗余设计、热备份等数据备份策略防止单点故障，提高可靠性。例如，某银行通过冗余设计保障在线交易系统的高可用性。利用故障恢复机制，如故障转移和数据恢复，确保系统快速恢复。定期灾难恢复演练用于验证系统的恢复能力。使用监控工具（如 Auvik 和 Datadog）实时监控系统状态，配合报警机制及时发现和处理故障。

安全性原则旨在防止数据泄露和对系统的攻击，涵盖数据加密、访问控制。实现方法包括使用 SSL（Secure Socket Layer，安全套接字层）/TLS（Transport Layer Security，传输层安全协议）、AES（Advanced Encryption Standard，高级加密标准）等加密技术，实施 RBAC（Role-Based Access Control，基于角色的访问控制）、IAM（Identity and Access Management，身份与访问管理）等访问控制策略，以及定期更新和补丁管理，实施全面的安全策略和应急响应计划。采用可信计算架构是提高算力安全的重要措施。

5.2 算力资源识别

在设计智能系统算力平台时，精确识别和管理算力资源，能优化系统性能、提升效率。

5.2.1 计算算力识别

计算算力资源（见表 5-1）的合理配置是确保智能系统在既定时限内完成任务的关键。智能系统的计算需求复杂多样，涉及云计算、并行计算、智能计算、边缘计算等计算模式，以及模型训练、实时推理等任务。CPU 适用于多任务和低延迟场景，GPU 擅长处理大规模并行计算，TPU（Tensor Processing Unit，张量处理单元）用于加快深度学习模型的训练，FPGA 提供高灵活性，工程师需根据应用场景选择合适的计算算力资源。

表 5-1　　　　　　　　　　　　　　　计算算力资源

计算算力资源	说　　明
CPU	适用于需要灵活处理多任务、低延迟且不涉及大规模并行计算的应用场景。CPU 在模型推理、微服务处理、边缘计算等场景中具备优势。在设计系统时，工程师需要根据应用的工作负载选择合适的 CPU 架构与规格，重点关注核数、线程数、时钟频率等参数。此外，还要考虑功耗与散热设计，确保系统的长期稳定运行
GPU	擅长处理大规模并行计算，适用于深度学习模型的训练阶段，如 CNN 和生成对抗网络（Generative Adversarial Network，GAN）等的训练。GPU 尤其适合需要处理海量数据并进行复杂矩阵运算的场景。在 GPU 的选择上，工程师要平衡核数、显存容量、浮点运算性能等参数。对于需要大规模模型训练的系统，必须考虑多 GPU 的协同工作和分布式计算框架的兼容性。此外，带宽瓶颈和数据传输延迟也是关键问题，可能需要结合调整存储设备和低延迟网络进行优化
TPU	一种专为加快深度学习模型（特别是 TensorFlow 框架中的深度神经网络）的训练而设计的硬件。TPU 的高能效比使其在大型人工智能训练任务中具有显著的成本优势，适合云计算环境下的大规模模型训练和推理。在需要训练大规模神经网络时，TPU 能够极大地提高训练效率，特别是在高密度、低延迟的数据中心环境中。工程师需要考虑 TPU 的集成方式和它与其他算力资源的协同运作，尤其是在跨平台或多框架的应用中

计算算力资源	说　　明
FPGA	在低延迟、高吞吐量场景（如实时信号处理和边缘设备人工智能推理）中表现突出。其硬件可编程的特性使其适用于需要特定优化的应用场景，例如，自动驾驶和金融领域的高频交易。FPGA 的灵活性带来了极高的设计复杂性，工程师需要熟练掌握硬件描述语言（Hardware Description Language，HDL）以及特定任务的硬件加速优化方案。在设计中，确保 FPGA 的资源利用率满足应用需求，同时充分利用其可编程特性优化硬件结构以适应不同任务

5.2.2　存储算力识别

存储算力的设计直接影响系统的数据处理能力和响应时间。存储算力在智能系统中的作用不仅是存储数据，更是高效的数据访问、缓存管理和高速的数据流动的保障。存储算力资源如表 5-2 所示。RAM（Random Access Memory，随机存储器）提供高速缓存，确保低延迟和高带宽，SSD（Solid State Disk，固态盘）能高效存储频繁读写的数据，HDD（Hard Disk Drive，硬盘驱动器）大容量、低成本、长期存储的特点能满足非实时访问的冷数据存储和备份需求。工程师要根据实际需求选择合适的存储算力资源。

表 5-2　　　　　　　　　　　　　　　　存储算力资源

存储算力资源	说　　明
RAM	提供高速缓存，确保数据处理过程中的低延迟和高带宽。特别是在大规模数据处理和实时推理任务中，RAM 的带宽和容量对系统性能至关重要。工程师需要根据系统的实际数据处理需求选择合适的 RAM 配置。对于深度学习任务，尤其是需要实时处理大数据流的应用，应优先考虑 RAM 的带宽和低延迟设计，避免数据流的"瓶颈效应"
SSD	用于频繁读写大量数据的场景中。相较于 HDD，SSD 可以显著缩短数据读取时间，并提升系统响应速度
HDD	大容量、低成本的长期数据存储解决方案，能满足非实时访问的冷数据存储以及备份需求。它在需要存储大量历史数据、视频监控数据或备份数据的场景中具有成本优势。工程师应根据数据存储周期和访问频率来选择 HDD 的容量和转速，并将其与 SSD 等高速存储设备结合，构建合理的存储分层结构，以优化存储算力资源的利用效率

5.2.3　网络算力识别

网络算力是指通过互联网连接的算力资源，这些资源可以是分布在不同地理位置的服务器、数据中心或边缘设备。网络算力包括有线网络和无线网络。前者具有高带宽、低延迟的特点，适用于数据中心和高性能计算，在设计时，需考虑千兆以太网或光纤技术，交换机和路由器的高并发处理能力，以及负载均衡策略。后者的代表是 5G 网络，适用于智能设备、IoT（Internet of Things，物联网）和边缘计算，在使用时要关注带宽、覆盖和延迟，实时应用中结合边缘计算以缩短延迟和提升响应速度。

5.3　算力资源需求分析

在构建智能系统时，数据平台是核心组件之一，它主要负责大规模数据的处理和存储。在设计数据平台时，需充分考虑算力资源需求，以确保系统的高效性和可靠性。

5.3.1　数据平台对算力资源的需求

在现代数据平台中，处理海量数据需要强大的算力资源，如 Hadoop 和 Spark。Hadoop 通过分布式计算模型 MapReduce，实现数据并行处理，提升数据处理速度和效率。在电商平台上，Hadoop 可以处理用户行为数据，如浏览记录、购买记录和点击记录，显著提高数据处理的速度和效率。例如，淘宝在"双十一"购物节期间使用 Hadoop 处理数以亿计的交易数据，以分析用户行为并优化推荐系统。Hadoop 还常用于处理和分析大规模日志数据，如搜索引擎公司通过 Hadoop 分析用户的搜索日志，识别热门搜索关键词和用户的兴趣，以优化搜索结果。

在 Hadoop 的实际应用中，算力资源尤为关键。首先，Hadoop 的 MapReduce 分布式计算模型依赖大量的算力资源，尤其是高性能的 CPU，以执行复杂的数据处理任务。通常，在每个计算节点都会配置多核 CPU，以提高数据处理的并行度。其次，尽管 Hadoop 主要依赖磁盘存储，但是配置大容量的内存可以加快数据处理速度，尤其是在处理大规模数据集时。再次，Hadoop 分布式文件系统（Hadoop Distributed File System，HDFS）需要大量的存储空间来存储分布式数据，在每个节点通常配置多个大容量硬盘，以确保数据的可靠存储和高吞吐量下的访问速度。最后，Hadoop 节点间的数据传输需要高带宽网络的支持，以确保数据块的快速分发和结果的高效汇总。通常使用千兆以太网或更高带宽的网络设备来满足这一需求。

Spark 是一个基于内存的分布式计算框架，专为实时数据处理和流式计算设计，能高效处理迭代计算和交互式查询。与 Hadoop 的批处理不同，Spark Streaming 能实时处理交易数据，快速响应异常交易。Spark SQL 支持结构化和半结构化数据的交互式查询与分析。Spark 的内存计算模型可以显著降低处理延迟，提升实时响应能力。Spark MLlib 提供机器学习算法，支持大规模数据集上的模型训练。

Spark 的算力需求包括高性能 CPU、大容量内存和高带宽网络。高性能 CPU 用于执行复杂计算任务；大容量内存能减少磁盘 I/O 操作，提高计算速度；高带宽网络确保数据快速传输和任务高效分发。

5.3.2　算法平台对算力资源的需求

训练深度学习模型需要算法平台有高性能并行处理能力和大容量内存，对算力资源的需求极高。传统机器学习模型的训练和推理对算力的需求较低，但算法平台仍需强大的计算能力来处理大规模数据集。CPU 适合处理单线程任务和复杂逻辑计算，在金融行业中用于实时风险分析和决策支持。

对算力资源的优化建议如下。

- 算力资源配置：根据具体的任务需求，合理选择和配置算力资源。例如，对于深度学习模型训练，优先选择高性能 GPU 或 TPU；对于传统机器学习任务，选择高性能 CPU。
- 混合算力架构：综合使用多种算力资源，构建混合算力架构。例如，在数据预处理阶段，使用 CPU；在模型训练阶段，使用 GPU；在模型推理阶段，使用 FPGA 或 TPU。
- 动态资源调度：采用动态资源调度机制，根据任务负载，动态分配和调整算力资源。利用容器编排工具（如 Kubernetes）实现算力资源的自动扩展和负载均衡，提高系统的灵活性和资源利用率。

- 优化算法和代码：通过优化算法和代码，提高算力资源的利用率。例如，使用混合精度训练技术，可以显著缩短训练时间和降低内存消耗量；通过模型压缩和剪枝技术，降低模型的计算复杂度和资源需求。

5.3.3　应用平台对算力资源的需求

在智能系统的建设中，应用平台要高效运行，其运行效率直接影响系统性能和用户体验。实现实时处理的应用需要具有低延迟、高并发处理能力，这可通过高性能 CPU/GPU 和实时计算框架实现。处理大量并发请求的应用需要具有高吞吐量，这可通过部署负载均衡器和多服务器集群、使用容器编排工具实现。深度学习模型的推理应用需要强大的计算能力，这可采用专用推理加速器和 GPU/TPU 集群实现。大规模批处理应用需要海量数据的处理能力，这可通过分布式计算框架和分布式存储系统实现。在同时运行多种应用时，需要资源隔离和管理，这可通过容器编排工具（如 Kubernetes）实现。

5.3.4　训练平台对算力资源的需求

训练平台的配置和优化对模型训练效率的提高至关重要。设计人员需要理解训练平台对算力资源的需求，以实现高效的训练平台。本小节将从实际工程问题的角度探讨如何识别、配置和优化训练平台的算力资源。

图 5-2 展示了训练平台对算力资源的需求。

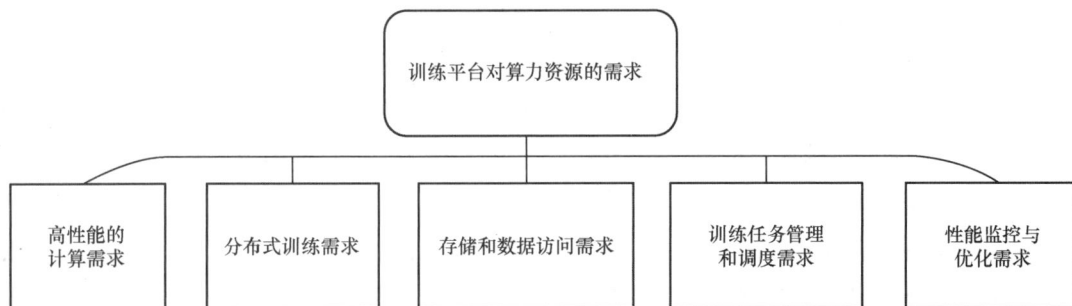

▲图 5-2　训练平台对算力资源的需求

具体包括以下 5 个需求。

- 高性能的计算需求：模型训练需要大量算力资源，尤其是在深度学习领域。GPU 和 TPU 是关键，其中 GPU 用于提升训练速度，TPU 用于加快深度学习中的张量运算。例如，使用 NVIDIA V100 GPU 或 A100 GPU，通过 NVIDIA GPU Cloud 或 Kubernetes GPU Operator 管理 GPU 资源；或配置 Google Cloud Platform 上的 TPU，使用 TPU 进行模型训练。

- 分布式训练需求：当单个 GPU 或 TPU 无法满足大规模数据和复杂模型的训练需求时，可以通过多台机器协同工作来提升效率。分布式训练分为数据并行分布式训练和模型并行分布式训练。数据并行分布式训练将大数据集分成小批次并分发到多个计算节点，独立训练后，汇总结果，可用 Horovod、Distributed TensorFlow 等框架实现。模型并行分布式训练适用于超大模型，将模型分割成多个部分并在不同节点上训练，使用 PyTorch 的 DDP（Distributed Data Parallel，分布式数据并行）方案或 TensorFlow 的 Strategy 实现。

- 存储和数据访问需求：在训练过程中，数据的存储和访问速度直接影响整体训练性能，需要高效的存储系统，使用高速存储（如 NVMe SSD）和分布式文件系统（如 Amazon FSx for Lustre 或 Cloud Filestore），结合本地 SSD 缓存，提升数据访问速度。对于超大数据集，采用 HDFS 或 Ceph 等分布式存储系统，确保高可用性和可扩展性，使用 Spark 或 TensorFlow Data Service 管理数据访问。

- 训练任务管理和调度需求：高效的训练平台需要灵活的训练任务管理机制和调度机制。通过 Docker 和 Kubernetes，实现资源的合理分配和自动扩展。通过任务调度工具（如 Slurm 或 Kubernetes），实现自动分配算力资源和优化任务调度策略。

- 性能监控与优化需求：持续监控训练任务性能和资源利用，使用 Auvik、PRTG Network Monitor、SolarWinds Network Performance Monitor、Datadog、Dynatrace、ExtraHop、Kentik、LogicMonitor、ManageEngine、Nagios 等实时监控 GPU/TPU 利用率、训练速度等指标。通过分析监控数据，识别性能瓶颈，优化模型和训练配置，提升效率。

5.3.5　运维管理系统对算力资源的需求

运维管理系统通过监控系统和管理算力资源确保系统稳定运行。关键在于理解运维管理系统对算力资源的需求，并满足这些需求。

首先，要实时监控智能系统组件，及时发现并处理问题和故障。这包括对计算资源（如 CPU、GPU、TPU）、存储资源和网络资源的监控。下面介绍常用的工具。

Prometheus 是一种开源监控系统和时间序列数据库，特别适用于云原生环境。它可以通过 Exporter 收集各种资源的使用情况，如 CPU/GPU 的利用率、内存使用情况和网络带宽等。其配置示例和使用案例如下。

- 配置示例：部署 Prometheus 服务器，配置适当的 Exporter（如 Node Exporter、NVIDIA GPU Exporter），收集算力的实时数据。

- 使用案例：在一个深度学习训练集群中，使用 Prometheus 监控各个 GPU 节点的利用率，确保资源高效使用，并及时发现和处理负载不均衡的问题。

Grafana 是一种开源分析和监控平台，可以对 Prometheus 收集的数据进行可视化。它提供丰富的图表和仪表盘，帮助运维人员实时了解系统的状态。其配置示例和使用案例如下。

- 配置示例：部署 Grafana，将其与 Prometheus 集成，创建自定义仪表盘，实时展示算力资源的使用情况和历史数据。

- 使用案例：在智能系统的运维中，使用 Grafana 可视化展示各个计算节点的资源利用情况，帮助运维人员直观了解系统的健康状态，并进行历史数据分析，优化资源配置。

其次，管理算力资源的需求，通过进行资源调度和管理，确保算力资源的高效利用和合理分配。

下面介绍 Kubernetes 和自动化运维工具。

Kubernetes 是一个开源的容器编排平台，能够实现自动化应用的部署、扩展和管理。通过 Kubernetes，可以实现智能系统中算力资源的动态调度和自动扩展。其配置示例和使用案例如下。

- 配置示例：使用 Kubernetes 集群管理智能系统的容器化应用，配置资源请求和限制，确保每个应用分配到合适的算力资源。
- 使用案例：在一个智能推荐系统中，使用 Kubernetes 自动扩展训练和推理服务，根据实际负载，动态调整资源分配，确保系统高效运行。

采用 Ansible、Chef 或 Puppet 等自动化运维工具，可以实现对算力资源的自动配置和管理，简化运维工作，提高效率。关于 Ansible 的配置示例和使用案例如下。

- 配置示例：使用 Ansible 编写自动化剧本，配置和管理 GPU 节点的环境与依赖，确保训练任务顺利进行。
- 使用案例：在一个语音识别系统中，使用 Ansible 自动配置和管理 GPU 服务器，快速部署和更新训练环境，减少人工干预，提高运维效率。

运维管理系统对算力资源的需求涵盖了系统监控、资源调度和自动化管理等方面。通过合理配置和使用 Prometheus、Grafana、Kubernetes 和自动化运维工具，可以有效实现智能系统的高效运维和算力资源的优化管理。

5.3.6　隐私计算、安全和伦理对算力资源的需求

在智能系统开发中，隐私计算、安全和伦理至关重要。为了保护用户的隐私和保证系统伦理的合规性，要采用合适的算力资源和技术。

隐私计算要求在保护数据隐私的同时进行数据分析和机器学习。这一要求可通过联邦学习和差分隐私满足。

联邦学习允许在本地设备上训练模型，无须将数据上传到中央服务器，从而保护数据隐私并降低带宽需求。其算力需求、配置示例和实际应用如下。

- 算力需求：联邦学习需要分布式计算资源，如各终端设备上的 CPU 或 GPU，同时需要中央服务器进行模型聚合。
- 配置示例：部署联邦学习框架（如 TensorFlow Federated 或 PySyft），在各终端设备上进行本地模型训练，并定期将模型上传至中央服务器以进行聚合、更新。
- 实际应用：在医疗健康领域，通过联邦学习，各医院可以在本地数据上训练模型，而不需要共享敏感的患者数据，保护患者的隐私。

差分隐私（differential privacy）是一种通过在数据或模型中引入噪声保护个人隐私的技术。即使不法分子获得了数据集，也难以确定特定数据点的真实性。其算力需求、配置示例和实际应用如下。

- 算力需求：实现差分隐私需要额外的计算资源来生成和添加噪声，同时需要确保计算过程的高效性。
- 配置示例：使用差分隐私库（如 TensorFlow Privacy）在模型训练过程中引入噪声以保护隐私，配置计算资源以优化噪声生成和处理过程。

- 实际应用：在金融数据分析中，通过差分隐私可以保护用户的交易数据，防止隐私泄露，同时可以进行有效的统计分析。

对于智能系统设计，要充分考虑安全性，特别是在处理敏感数据和执行关键任务时。计算资源可用于实施加密和访问控制等安全措施。数据加密需要额外的计算资源，尤其是 CPU 和内存用于处理大量数据加密操作。例如，电子商务平台使用加密库对支付和交易数据加密。访问控制机制通过 OAuth（Open Authorization）或 RBAC 实现，限制资源访问权限，确保只有授权用户可访问敏感数据。这些配置示例和实际应用展示了如何通过合理地计算资源配置满足安全计算的需求。

智能系统要满足伦理性的需求。智能系统的伦理性涉及公平性、透明性和责任性。计算资源和技术可确保决策过程符合伦理标准，主要考虑公平性算法和透明性。公平性算法需要额外资源以评估和调整模型，可使用公平性工具包实现。透明性通过可解释性工具增加，可配置资源以支持实时解释的生成。

这些技术和实现方案满足智能系统对伦理、安全和隐私计算的需求，确保系统在保护用户隐私和数据安全的同时，符合伦理标准，提供高质量服务。

5.4 算力资源调度和管理平台

在智能系统中，算力资源调度和管理平台是保证系统高效运行的关键。本节将详细介绍如何部署应用、选择云服务供应商、租用算力资源等。

5.4.1 部署应用

部署应用是将计算资源应用到具体的业务场景中，以满足不同行业和领域的需求。部署应用的具体流程如图 5-3 所示。

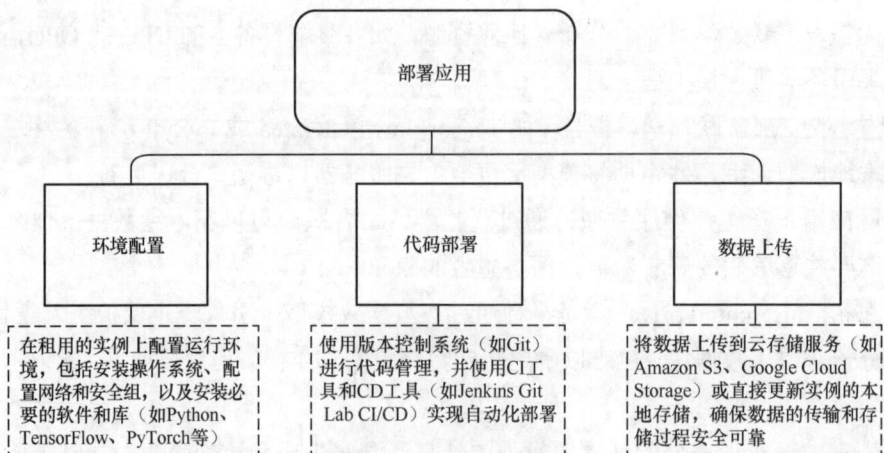

▲图 5-3 部署应用的具体流程

5.4.2 选择云服务供应商

在选择云服务供应商时，首先，明确系统的算力需求，包括计算、存储和网络需求，以及工作负载类型和数据传输量。然后，评估各大云服务供应商（如 AWS、Google Cloud、Microsoft Azure、阿里云等）提供的服务，考虑实例类型、性能、价格、全球数据中心分布、服务可用性和技术支持，并考虑供应商在特定领域的专长，如 AWS Deep Learning AMI、Google Cloud 的 TPU、阿里云的飞天云平台等。

5.4.3　租用算力资源

租用算力资源（即算力租赁）是一种服务模式，它为企业和研究机构提供必要的计算资源，以进行数据处理、数据存储和网络传输等。其步骤如下。

（1）**注册和认证**：在所选的云服务供应商平台上注册账户，并进行身份验证。根据需要，选择对应的账户类型和套餐。

（2）**选择实例类型**：根据需求评估，选择适合的计算实例类型，如通用型、计算优化型、内存优化型等，确保选择的实例类型能够满足系统的计算和内存需求。

（3）**配置实例**：在配置实例时，考虑操作系统、实例数量、存储类型和网络配置。确保选择适当的存储选项（如 SSD 或 HDD）和网络配置［如 VPC（Virtual Private Cloud，虚拟私有云）、子网和安全组］以优化性能。

（4）**租用实例**：通过云服务供应商的管理控制台或 API 租用所需的计算实例。根据工作负载需求，可以选择按需实例、预留实例或现货实例等，以优化成本。

5.4.4　资源调度和管理

资源调度和管理是云计算和分布式系统的核心功能，可确保计算资源有效分配和使用。资源调度涉及自动扩展，根据工作负载，调整实例数量。资源管理涉及监控、日志管理和成本优化。使用监控工具、日志管理系统以及成本管理工具，能实现资源的有效管理。

5.4.5　安全和合规

云计算的安全和合规涉及确保云服务与数据的保密性、完整性、可用性，并符合法律法规。主要措施包括安全配置（涉及防火墙、加密、IAM 角色）、合规管理（涉及法律法规、合规管理工具、安全审计和漏洞扫描）等。

5.5　算力加速技术与应用

算力加速技术主要包括硬件［如 GPU、TPU、ASIC（Application Specific Integrated Circuit，专用集成电路）等］加速和软件优化（如并行计算算法优化等）两个方面。算力加速技术的应用领域涵盖深度学习、自然语言处理、计算机视觉等。

5.5.1　硬件加速

硬件加速是指利用专门的硬件设备（如 CPU、GPU 等）提高计算任务的执行速度。在深度学习、图像处理、加密/解密等领域，硬件加速可以显著提升系统性能，因为这些硬件通常具有高效的并行处理能力，能够更快地完成大量计算密集型任务。

CPU 是计算系统的核心部件。现代 CPU 采用多核架构和超线程技术，能够并行处理多个任务。通过优化代码可以充分利用 CPU 的多核能力，显著提高计算效率。例如，在高性能计算任务中，使用 SIMD（Single-Instruction Stream Multiple-Data Stream，单指令流多数据流）指令集可以加速向量运算。

TPU 是由 Google 设计的 ASIC，专门用于加快深度学习模型的训练和推理。TPU 通过优化矩阵运算和降低内存访问的延迟，大幅提升执行深度学习任务的效率。

NPU（Neural Processing Unit，神经处理单元）是一种专门设计用于加快神经网络计算的处理器。NPU 通过并行化和优化神经网络运算，提高深度学习模型的训练和推理效率。华为的昇腾系列芯片和寒武纪的思元系列芯片都是典型的 NPU。

5.5.2 软件优化

1. 并行计算

并行计算（parallel computing）是一种计算方法，它先将一个计算任务分解成多个子任务，然后在多个处理器上同时执行这些子任务，以提高计算效率。在处理大规模和复杂问题时，并行计算的目的是利用多个计算资源缩短程序的执行时间。并行计算主要包括分布式计算、多线程计算和多进程计算。

分布式计算通过将计算任务分解并分发到多个计算节点上进行并行处理。Hadoop 和 Spark 是常用的分布式计算框架，通过集群中的多个节点共同处理大规模数据，提高计算速度。

多线程计算和多进程计算通过在单个计算节点上并行执行多个任务，提高计算效率。多线程计算适用于轻量级并行任务，通过共享内存和资源实现高效的任务调度。多进程计算适用于重型并行任务，通过独立的内存空间和资源实现任务隔离。在实际应用中，通过优化代码结构和使用并行编程库（如 OpenMP、MPI）实现多线程和多进程计算。

2. 算法优化

算法优化是提高算法性能和计算效率的重要过程，广泛应用于多个领域。在机器学习和深度学习领域，算法优化尤为关键，因为在这些领域中经常会处理大规模和复杂的数据集，需要有效的算法来处理和分析数据。算法优化主要包括模型压缩和算法改进，旨在有限的资源下获得最优或近似最优的结果。

模型压缩通过减少深度学习模型的参数数量和降低存储需求，提高模型的计算效率。常用的模型压缩技术包括剪枝、量化和蒸馏。剪枝通过移除冗余的神经元和连接，降低模型的复杂度；量化通过降低模型参数的精度，减少计算量和降低存储需求；蒸馏通过训练一个功能近似大模型功能的小模型来提升推理速度。在实际应用中，可以通过深度学习框架的 API 实现模型压缩，提高计算效率。

算法改进通过优化算法结构实现计算效率的提高。常用的算法改进操作包括降低算法的复杂度、改进数据结构和采用并行化算法。例如，在图像处理任务中，通过优化卷积操作和使用高效的图像压缩算法，可以显著提高计算效率。

5.5.3　虚拟化技术和容器化技术

虚拟化技术将物理硬件资源虚拟化为多个独立的资源，提高资源利用率和管理的灵活性。它广泛应用于服务器、存储、网络等领域，支持云计算服务。虚拟机通过在单台物理机器上运行多个虚拟计算环境，实现多租户计算资源的隔离和高效利用。

容器化技术通过在操作系统层级创建轻量级虚拟化环境，提高计算资源的利用率。Docker是常用的容器化技术，通过容器引擎管理容器的创建、配置和调度。Kubernetes 是常用的容器编排工具，通过集群管理和自动扩展实现容器的高效调度与管理。

5.6　算力资源管理和服务管理

本节将介绍算力资源管理和服务管理，结合实际工具和技术，帮助读者解决工程中的实际问题。

5.6.1　算力资源监控

算力资源监控是确保算力资源高效利用和优化算力资源分配的关键技术。它涉及对计算任务的实时监控、资源使用情况的分析以及资源分配的动态调整，以满足不同的业务需求。使用算力资源监控技术可以实现算力网络中的资源协同调度，通过自动化工具实时监控算力资源的使用情况，并基于监控数据进行智能决策，以优化资源分配和提高资源利用率。下面将介绍算力资源监控的常用工具和关键指标等。

算力资源监控是智能系统的基础功能，通过实时监控各种算力资源，确保系统稳定、高效运行。常用的监控工具包括 Prometheus、Grafana 和 Zabbix。

Prometheus 是一种开源的系统监控和报警工具，能够高效地收集、存储和查询时间序列数据。Grafana 是一种开源的分析和监控平台，可以通过可视化界面展示 Prometheus 等数据源提供的监控数据。Zabbix 是一种开源的企业级监控解决方案，提供分布式监控、报警和数据分析功能。

算力资源监控的关键指标如图 5-4 所示，包括 CPU 利用率、GPU 利用率、内存使用率、网络带宽、磁盘 I/O、延迟和吞吐量等。通过实时监控这些指标，可以及时发现资源瓶颈、解决性能问题，确保系统的稳定性和高效性。

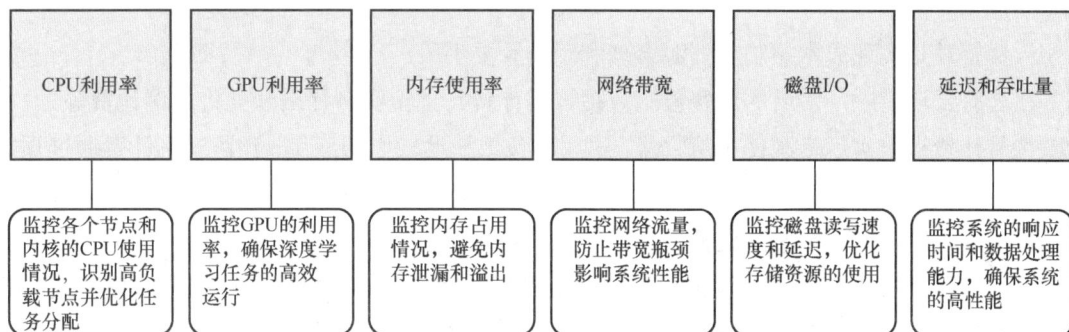

CPU利用率	GPU利用率	内存使用率	网络带宽	磁盘I/O	延迟和吞吐量
监控各个节点和内核的CPU使用情况，识别高负载节点并优化任务分配	监控GPU的利用率，确保深度学习任务的高效运行	监控内存占用情况，避免内存泄漏和溢出	监控网络流量，防止带宽瓶颈影响系统性能	监控磁盘读写速度和延迟，优化存储资源的使用	监控系统的响应时间和数据处理能力，确保系统的高性能

▲图 5-4　算力资源监控的关键指标

5.6.2 算力资源调度

算力资源调度是一种关键技术，它通过智能分配策略实现算力的灵活流动，解决算力需求与资源分布不均的问题，快速满足上层应用多样化的算力需求。

常用的算力资源调度算法包括轮询调度、最短任务优先调度和动态优先级调度等。轮询调度通过循环分配任务，保证任务的公平性；最短任务优先调度通过优先执行所需时间最短的任务，提高系统的响应速度；动态优先级调度根据任务的重要性和紧急程度动态调整优先级，优化资源利用情况和任务执行效率。

常用的调度平台如下。

- Kubernetes：一种开源的容器编排平台，通过自动化部署、扩展和管理容器化应用，实现高效的资源调度。Kubernetes 支持自动扩展、负载均衡和滚动更新等功能，确保应用的高可用性和弹性。
- Apache Mesos：一种开源的分布式系统内核，能够高效地管理大规模集群资源，支持多种框架（如 Marathon 和 Chronos），适用于资源密集型应用。
- YARN（Yet Another Resource Negotiator）：Hadoop 生态系统中的资源管理平台，通过统一资源管理和调度，实现大数据应用的高效运行。

5.6.3 算力资源来源

在算力资源的规划与管理中，算力资源的来源对系统的性能、成本和安全性有着直接影响。算力资源来源可分为如下 3 种。

- **公有算力**：通过云服务供应商租用的计算资源，如阿里云、AWS、Google Cloud 和 Azure 等提供的计算资源。公有算力具有弹性扩展、高可用性和按需计费的优势，适用于动态负载和突发计算需求。
- **私有算力**：企业自建或专属托管的数据中心和计算资源。私有算力具有高安全性、定制化和完全控制的优势，适用于对数据隐私和安全要求较高的应用场景。
- **混合算力**：同时使用公有算力和私有算力，通过统一管理和调度，实现资源的灵活利用和成本优化。混合算力能够在保证安全性的同时，享受公有算力的弹性扩展和经济优势。

5.6.4 算力资源计费管理

计费管理是实现成本控制和资源合理利用的重要手段。

在公有云环境中，常用的计费模式包括按需计费、预留实例计费和竞价实例计费等。

按需计费根据实际资源使用量收费，适用于负载波动较大的应用；预留实例计费通过预定资源，获得价格优惠，适用于长期稳定的负载；竞价实例计费通过竞价获取闲置资源，价格低廉但可用性较低，适用于非关键任务。

在私有云环境中，可以通过内部计费和资源配额管理，实现资源使用的透明化和成本分摊。内部计费根据部门或项目分配资源成本；资源配额管理通过限制资源使用，避免资源滥用和超配。

5.6.5　算力资源服务管理

使用内部计费系统精确分摊资源成本，管理资源配额，防止资源滥用，提升资源利用率。根据服务等级协定（Service Level Agreement，SLA），明确服务质量和责任，保障用户权益。使用自动化运维工具（如 Ansible、Chef 和 Puppet）实现运维自动化，提升系统的可靠性和响应速度。通过定期清理和优化资源配置，确保算力资源的高效利用，避免浪费和性能瓶颈。

5.7　算力网络设计

算力网络设计是一个复杂的过程，它涉及构建一个能够按需分配和灵活调度算力资源的新型信息基础设施。在设计算力网络时，需要考虑以下方面。

5.7.1　网络拓扑设计

网络拓扑设计是算力网络设计的基础，它决定数据流动的路径和方式，直接影响系统的性能。在设计网络拓扑时，根据算力平台的规模、应用需求和业务流程，选择合适的网络拓扑结构。

常见的网络拓扑结构如表 5-3 所示。

表 5-3　　　　　　　　　　　　　　常见的网络拓扑结构

网络拓扑结构	说　　明
星形拓扑	所有结点通过一个中心结点连接，适用于中小型算力平台，具有管理简单和故障隔离的优点，但中心结点的负载较大，易出现单点故障
树状拓扑	采用层次化结构，适用于大型算力平台，具有扩展性强和易于管理的特点，但上层结点的负载和故障影响较大
网状拓扑	所有结点互相连接，适用于需要高可靠性和高冗余的系统，具有高容错性和负载均衡的优点，但成本较高，管理复杂
环形拓扑	各结点形成一个环形链路，适用于小型系统，具有简单和低成本的优点，但故障恢复速度较慢

在一个分布式深度学习平台中，可以采用树状拓扑结构，将计算结点分层次连接，通过骨干网络连接各层次结点，保证数据传输的高效性和系统的可扩展性。同时，在关键结点部署冗余链路，增强系统的可靠性。

5.7.2　带宽管理

带宽管理是保证算力网络性能的重要环节，通过合理分配和控制带宽，避免网络拥塞和数据传输瓶颈，确保系统的高效运行。在网络设计中，带宽分配需要根据应用需求进行，优先保障关键任务和应用；引入流量控制机制用于限制单个应用或节点的最大带宽，防止资源过度占用；采用负载均衡技术均匀分布网络流量，避免单一节点或链路过载，提升系统性能。

5.7.3　网络安全防护

网络安全是算力网络设计中的重要环节，通过多层次的安全措施，避免数据泄露和防止系统遭受攻击，确保平台的可靠性和合规性。通常可采用以下措施保护网络安全。

- 访问控制：通过防火墙、访问控制列表（Access Control List，ACL）和身份认证机制，限制网络资源的访问权限，防止未经授权的访问和操作。
- 数据加密：采用加密技术保护数据的传输和存储，防止数据在传输和存储过程中被窃取或篡改。常用的加密协议包括 TLS（Transport Layer Security，传输层安全）协议和IPsec（Internet Protocol Security，互联网络层安全协议）。
- 入侵检测和防御：部署入侵检测系统（Intrusion Detection System，IDS）、入侵防御系统（Intrusion Prevention System，IPS），实时监控网络流量，识别和阻止恶意攻击等异常行为。
- 安全审计：通过日志记录和审计机制，跟踪和记录系统的操作和事件，发现和处理安全问题，确保合规性和责任的溯源性。

要保护网络安全，可以采用的实际工具如下。

- Snort：一种开源的网络入侵检测和防御系统，通过规则匹配和流量分析，实时检测和应对网络攻击。
- Wireshark：一种开源的网络协议分析工具，通过捕获和分析网络数据包，排查网络故障和安全问题。
- OpenVPN：一种开源的虚拟专用网络（Virtual Private Network，VPN）解决方案，通过加密隧道保护远程访问和数据传输的安全性。

在一个金融数据分析平台中，可通过部署防火墙和 VPN，实现对敏感数据的访问控制和加密传输，防止数据泄露和未经授权的访问。同时，采用入侵检测和防御系统，实时监控网络流量，识别和阻止可能的攻击，确保平台的安全性和可靠性。

5.8　小结

本章深入探讨了智能系统算力平台的设计，包括算力设计原则、算力资源识别、算力资源需求分析、算力资源调度和管理平台、算力加速技术与应用、算力资源管理和服务管理以及算力网络设计等。通过学习本章，读者可以系统地了解智能系统算力平台设计的各个关键环节，掌握具体的实施方法和最佳实践，在实际工程中高效地设计和管理算力平台。

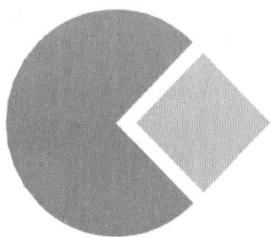

第6章　智能系统数据平台设计

在信息化时代，数据已成为企业的重要资产。为了充分发挥数据的价值，设计高效、稳定、可扩展的数据平台至关重要。本章将从智能系统的角度，阐述数据平台的设计思路、策略、方法和路径。在设计数据平台时，我们需要明确目标。数据平台的核心任务是收集、存储、处理和分析各类数据，为上层应用提供有力支持。因此，数据平台的设计应以满足业务需求为出发点，充分考虑数据的安全性、可靠性、实时性和多样性。

在设计思路方面，数据平台设计应遵循以下原则。

- 构建统一的数据架构，实现数据资源的整合与共享。这有助于减少数据孤岛现象，提高数据利用效率。

- 采用模块化设计，模块相互独立，又能协同工作，以满足不同业务场景的需求，便于后期扩展和维护。随着数据量的不断增长，分布式架构已成为数据平台设计时的首选。分布式架构可以提高数据处理能力，降低系统的故障风险。

- 具备高可用性，确保在硬件故障、网络异常等情况下，系统能够快速恢复，不影响业务运行。数据平台应重视数据安全，在数据传输、存储、处理等环节加强安全防护，防止数据泄露和篡改。

在策略上，数据平台的设计应采取分层架构，将数据采集、数据存储、数据处理、数据分析和服务提供等分层次构建。这样的策略可以确保每一层的独立性和专业性，同时便于各层之间的协同和扩展。例如，数据采集层可以采用多种协议和支持多种数据格式，以适应不同的数据源；数据存储层则可以根据数据的特点选择合适的存储系统，如关系数据库、NoSQL 数据库或分布式文件系统。

在方法上，数据平台的设计应遵循敏捷开发的原则，通过迭代的方式不断完善。首先，从核心的业务需求出发，快速构建原型，并进行验证。然后，在此基础上，根据反馈和业务发展需求，逐步增加新的功能并优化现有功能。此外，为了提高开发效率，可以采用微服务架构，将复杂的数据平台拆分成多个小的、独立的服务单元，这些服务单元可以独立部署和扩展。

在路径上，数据平台的设计和实施可以分为以下几个阶段。

（1）需求分析与规划：与业务部门紧密合作，明确数据平台需要支持的业务场景和需要满足的功能需求，确定详细的技术路线图。

（2）技术选型与架构设计：基于需求分析与规划，选择合适的技术栈和组件，设计数据平台的整体架构，确保架构的可扩展性和灵活性。

（3）系统开发与集成：按照技术选型与架构设计，进行系统开发和模块集成，重点关注数据流的顺畅度和数据质量。

（4）测试与优化：对数据平台进行全面的测试，包括功能测试、性能测试、压力测试等，并根据测试结果进行优化。

（5）部署与运维：将数据平台部署到生产环境，建立运维体系，确保系统的稳定运行和持续优化。

（6）监控与安全：构建监控系统，实时监控数据平台的运行状态，同时加强数据安全防护，防止数据泄露和非法访问。

通过这样的设计思路、策略、方法和路径，数据平台能够为智能系统提供强有力的支撑，实现数据的充分利用，促进业务创新和决策智能化。在数据平台设计过程中，要保持对业务需求的敏感性和对技术发展的前瞻性，确保数据平台能够与时俱进，持续为智能系统注入活力。

6.1 数据平台的构成

在构建智能系统时，数据平台起到了根基的作用。它不仅需要支持数据的采集、存储和处理，还要确保数据的质量和可用性。数据平台的构成要素主要包括数据采集、数据存储、数据处理、数据训练和数据管理等，如图 6-1 所示。

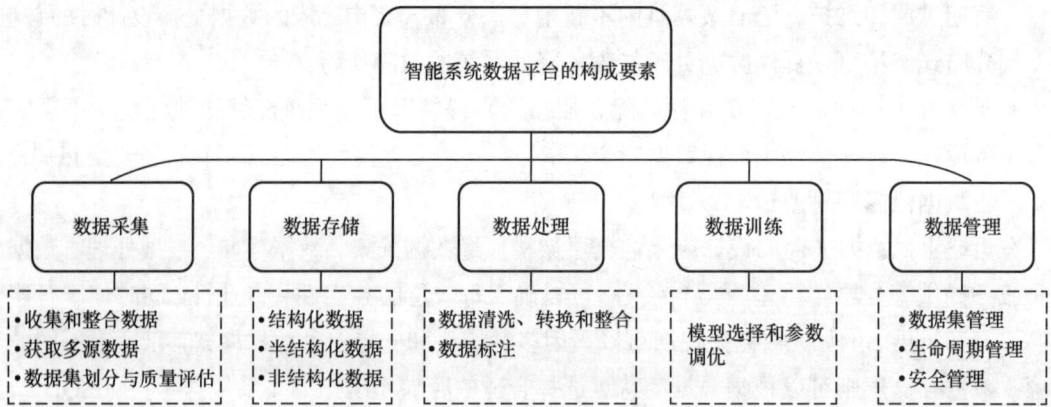

▲图 6-1　数据平台的构成要素

数据采集是数据平台的基础，它负责从各种数据源中收集和整合数据。

数据存储是平台的核心，数据平台通过实时和批量数据采集技术获取多源数据，并利用关系数据库、NoSQL 数据库和数据仓库进行有效存储。

数据处理用于对数据进行清洗、转换和整合，以确保数据的质量和可用性。通过数据清洗、转换和整合等加工过程可以提升数据质量，进而通过人工或自动标注为机器学习模型提供训练数据。

数据训练则涉及模型选择和参数调优，以构建高性能的算法模型。

数据管理确保了数据的可追溯性和可复现性。

数据平台通过服务保障、质量保障、安全保障和时效性保障等措施，为上层的算法平台和应用平台提供所需的数据服务支持，是智能系统高效、稳定运行的关键。通过构建数据平台，企业和组织能够更好地管理和利用数据，提升自身商业价值。

6.2　数据集的构建

数据集在智能系统中的应用很广泛，从训练机器学习模型到优化业务流程，都离不开高质量的数据集。为了确保数据集的适用性和实用性，需要明确数据集的应用场景，其中包括数据将如何被使用、预期的模型性能指标，以及数据集需要满足的特定业务需求。这要求对智能系统的功能、用户需求以及潜在的数据使用限制有深入的了解，从而确保构建的数据集能够准确反映现实情况，为智能系统提供可靠的支持。

简而言之，数据集的构建是一个目标驱动的过程，它直接关系智能系统的能否满足需求和性能表现。

6.2.1　数据采集策略

设计数据采集策略主要包括以下几个步骤。

（1）明确数据采集目标：在开始数据采集之前，需要明确数据采集的目标，包括数据将用于何种分析、模型训练或业务决策，以及所需数据的类型，范围和详细程度。明确的数据采集目标有助于指导后续的采集活动，确保收集的数据具有相关性和价值。

（2）选择合适的数据源：根据数据采集目标，选择合适的数据源至关重要。数据源可能包括公开数据集、企业内部数据库、在线平台、传感器、调查问卷等。每种数据源都有其优势和局限性，因此需要评估数据源的可靠性、多样性、访问权限等。

（3）设计数据采集方案：设计详细的数据采集方案，包括采集方法、工具、时间表和资源分配。以下是一些关键点。

- 采集方法：根据数据源，选择合适的采集方法，如爬虫、手动录入等。
- 采集工具：选择合适的数据采集工具，如 ETL（Extract Transformation Load，抽取、转换、加载）工具、数据仓库等。

（4）确保数据质量和完整性：对采集的数据进行验证，确保其符合预定的格式和质量标准；制定错误处理机制，如数据缺失、异常值、重复记录的处理策略；确保从不同数据源采集的数据能够整合。

6.2.2　数据集划分方法

在进行数据分析或训练机器学习模型时，人们通常会将原始数据集划分为训练数据集、验证数据集和测试数据集。这种划分是为了确保模型能在新数据上进行有效预测，提高模型的泛化能力。数据集划分方法如下。

- 留出（hold-out）法：一种简单的数据集划分方法。通常，数据集被分为两个互斥的部分——训练数据集和测试数据集。在某些情况下，还会将一部分数据划分为验证数据集。

训练数据集用于模型学习，而测试数据集则用来评估模型性能。为了保持数据分布的一致性，通常采用分层采样的方式。例如，在二分类问题中，需要确保训练数据集和测试数据集中两类样本的比例相近，以避免数据划分不当带来的偏差。

- 交叉验证（cross-validation）法：可以有效降低由一次随机划分带来的偶然性，提高模型的稳定性和泛化能力。K 折交叉验证法是指将数据集分成 K 个不重合的子集，每次使用其中一个子集作为测试数据集，其余（$K-1$）个子集作为训练数据集，重复 K 次。每一轮模型训练后，都会在测试数据集上评估性能，最后将 K 次测试的平均结果作为最终评估结果。

- 自展法（bootstrapping）：通过有放回的重复抽样生成训练数据集，即每次从原始数据集抽取一个样本，然后放回，这样某些样本可能会被多次选中，而某些样本可能不会被选中。未被选中的样本构成测试数据集。此方法适用于数据集较小、难以有效划分训练/测试数据集的情况。

在选择适当的划分方法时，需要考虑数据量和模型评估的需求。对于数据量充足的情况，留出法或 K 折交叉验证法通常是较好的选择；而对于数据量较少或难以有效划分的情况，自展法更实用。如果数据量小但可有效划分，留出法可能是更好的选择，因为其结果较准确。

通过合理的数据集划分方法，可以确保模型具备良好的泛化能力，避免过拟合或欠拟合的现象。在使用这些方法时，保持数据分布的一致性和划分的随机性是获取可靠的模型评估结果的关键。

6.2.3 数据集质量评估

数据集质量评估是多维度的，涉及对数据集准确性、完整性、一致性和可信度的检查与量化，确保数据集具备足够的质量来支持后续的分析和建模任务。在实际操作中，可以结合多种方法和工具，从不同角度全面评估数据集的质量，从而提升模型的精度和鲁棒性。

下面介绍常见的数据集质量评估指标。

准确性指标用于评估数据集中的数据与真实值之间的接近程度，通过计算数据集中的错误数据比例或通过模型验证数据集的准确性进行评估。通常通过统计分析或可视化工具检测数据中是否存在异常值，这些值可能影响模型的准确性。常使用 Z-score（Z 分数）或 IQR（Interquartile Range，四分位距）方法来识别数值型数据的异常值。

完整性指标用于评估数据集中是否存在缺失或遗漏的数据，通过检查数据集中缺失值的数量或使用完整性检查工具进行评估。提高完整性通常涉及填充缺失值，统计每个特征中缺失值的数量来评估数据集中是否存在缺失值或空值。如果缺失值的比例较高，则可能需要采用插补方法进行填充。检查数据的完整度，确保所有必需的数据都已收集和整理，未出现大段的数据丢失。

一致性指标通过比较不同数据源或时间段的数据的差异评估数据集中不同数据源或不同时间段的数据是否保持一致。提高一致性通常涉及数据清洗和数据转换。

6.3 数据存储与数据库

数据存储与数据库是数据平台的关键组成部分，是涉及选择合适的数据库类型、设计优化的数据模型、配置数据库参数、执行数据导入与维护，以及确保数据安全与合规性的复杂过程，旨在通过高效的数据管理实现信息的准确检索、快速更新和可靠保护，以支撑业务分析和决策需求。本节将重点介绍面向智能系统的数据库选型、数据库规划与设计、数据库性能优化和数据库的安全与隐私保护。

6.3.1　面向智能系统的数据库选型

在大数据时代，数据规模庞大且应用场景复杂，传统数据库面临很大的挑战。智能数据库系统通过对数据分布、查询负载等特征进行建模和学习，自动进行查询优化、配置参数调优等，以不断提高自身的性能。选择适合智能系统的数据库类型需要考虑多个因素，包括数据处理的特性、系统的性能要求、数据的结构和规模等。

图 6-2 展示了常见数据库类型。

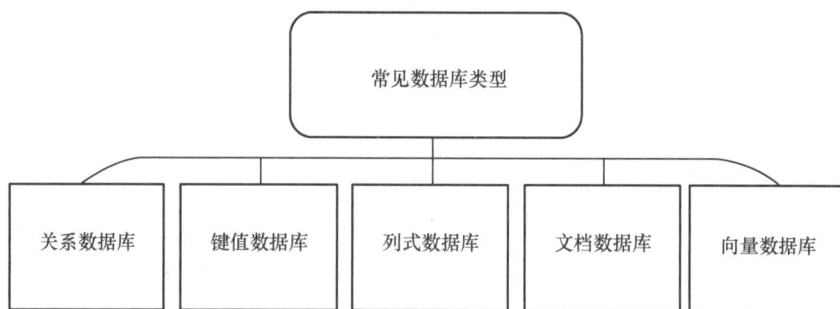

▲图 6-2　常见数据库类型

1. 关系数据库

关系数据库（relational database）仍然是目前应用最广泛的数据库类型之一。关系数据库以其强大的结构查询语言（SQL）、数据一致性、数据完整性而闻名。关系数据库以行和列的形式组织数据，并存储在一系列互相关联的表中，这些表通过外键等机制实现数据之间的关联。这种存储方式非常适合用于需要执行复杂查询操作的系统，如财务系统、人力资源管理系统和库存系统。关系数据库的模式（schema）需要在创建时定义，这意味着数据的结构在关系数据库中是预先确定的，这为数据的一致性和规范化提供了保障。流行的关系数据库包括 Oracle 数据库、MySQL、PostgreSQL 和 SQL Server。

2. 键值数据库

作为非关系数据库的一个重要类别，键值数据库以其简洁高效的数据存储模式在现代应用开发中占有一席之地。这类数据库基于键值对结构存储数据。其中，"键"是唯一的标识符，而"值"可以是简单的数据项或更复杂的数据结构。键值数据库的主要优势在于其具备高速读写能力和出色的可扩展性,这使它非常适用于有大量并发请求的场景,如在线购物平台的购物车、社交网络中的用户会话和高速缓存等场景。键值数据库的操作简单,主要包括键的添加、查询、修改和删除,因此开发者可以快速实现数据的存取,无须复杂的操作。此外,数据以键值对的形式直接存储。这种结构的灵活性允许数据库在不预定义模式的情况下动态添加数据,极大地提高开发效率和系统的灵活性。流行的键值数据库包括 Redis、Amazon DynamoDB 和 Memcached 等。

3. 列式数据库

列式数据库又称为列存储数据库,是一种为了高效读写大量数据而设计的数据库,它与传统的行式数据库相对,将数据按列而不按行存储。这种存储方式特别适合大规模数据集,因为它可以快速聚合同一列的数据,优化磁盘 I/O 性能并减少数据读取量。在列式数据库中,每一列数据紧密排列,且通常会对数据进行压缩,这样既节省了存储空间,又加快了查询速度。列式数据库的主要优势在于其对数据仓库和联机分析处理(Online Analytical Processing,OLAP)的支持。它能够高效地执行复杂的查询,如计数、求和、平均值等聚合操作,这些操作通常只需要访问表中的少数几列。因此,列式数据库非常适合用于商务智能、大数据分析、科学计算等领域,这些领域通常涉及对大量数据进行快速读取和分析。流行的列式数据库包括 Apache Cassandra、Apache HBase 和 ClickHouse 等。

4. 文档数据库

文档数据库是一种以文档为中心的非关系数据库,它允许存储、查询和管理基于文档格式的数据。文档指的是类似于 JSON(JavaScript Object Notation,JavaScript 对象表示法)、XML(eXtensible Markup Language,可扩展标记语言)或 BSON(Binary JSON,二进制 JSON)的数据结构,这样的结构能够嵌套、具有层次性,并且可以存储多种数据类型。这种灵活性使文档数据库特别适合处理多变的数据模式和非结构化或半结构化数据。文档数据库的主要优势在于其灵活性和直观性。它不需要预定义的数据模式,因此开发者可以轻松地添加或删除字段,而不影响现有的数据。此外,基于数据模型的直接性和自描述性,开发者可以更快速地理解和操作数据,从而加快开发速度。文档数据库通常还提供强大的查询语言和索引功能,使对文档内的数据进行查询和分析变得高效且灵活。流行的文档数据库包括 MongoDB、Couchbase 和 Amazon DynamoDB 等。

5. 向量数据库

随着人工智能和机器学习的飞速发展,专注于处理高维度数值向量的非关系数据库获得广泛关注,是推动人工智能应用发展的关键技术之一。这类数据库的核心在于它们能够存储和管理由多维度特征构成的数据点,即向量,这些向量通常代表图像、文本、声音或用户行为等非结构化数据的深度特征。向量数据库的优点在于其能够通过先进的索引技术和相似性搜索算法,高效地执行基于内容的检索和匹配操作,如快速找到与给定图像特征相似的图像或寻找语义相近的文本。此类数据库旨在优化大规模向量数据的存储和查询性能，支持各种距离和相似性度量标准，如欧氏距离、余弦相似度等，以满足不同应用场景的需求。向量数据库的应用领域广泛，包括但不限于推荐系统、图像和视频分析、自然语言处理等，它在这些领域中为实现复杂的相似性搜索和数据分析提供了强大的支持。流行的向量数据库包括 Milvus、Faiss、Pinecone 和 Chroma 等。

6.3.2 数据库规划与设计

在智能系统中，数据库规划与设计涉及数据库的结构、数据的高效索引、数据库的性能优化、数据库的安全与隐私保护等方面。

1. 数据库规划

数据库规划是指在组织或项目中，对数据库的结构等进行系统性的规划。其目的是确保数据库能够高效、安全地存储、管理和检索数据，同时满足业务需求和性能要求。数据库规划通常包括如下步骤。

（1）需求分析：通过详细调查现实世界中要处理的对象，充分了解原系统的工作概况，明确用户的各种需求。例如，在设计某论坛业务模型的数据库时，要考虑用户发布问题、回答问题、发布文章和购买电子书等业务场景。

（2）概念结构设计：通过对用户需求进行综合、归纳与抽象，形成一个独立于具体数据库系统的概念模型，通常用 E-R（Entity-Relationship，实体-关系）图表示。

（3）逻辑结构设计：将概念结构转换为某个数据库系统支持的数据模型，并进行优化。例如，将概念模型转换为关系模型。

（4）物理结构设计：为逻辑数据选取适合应用环境的物理结构，包括存储结构和存取方法。

2. 数据库设计

在数据库设计中，为了确保数据的高效存储和快速访问，要对数据的分布方式、索引的优化策略以及数据库的重组和重构等方面进行精心设计。

首先，在数据库设计的物理设计阶段，考虑数据如何分布，以确保良好的性能和存储效率。

其次，建立合适的索引，如为频繁查询的字段建立 B 树索引，以加速数据查询。

最后，定期对数据库进行重组和重构，如调整表的存储结构或重新组织索引，以保持其性能。

3. 数据库实现与部署

数据库实现与部署是将设计转换为实际应用的关键阶段，包括数据导入、系统测试和性能监控等步骤。在这一阶段，不仅要确保数据的准确迁移和系统的平稳运行，还要通过持续监控优化性能，保障数据库系统的高效性与稳定性。

首先，将现有数据导入新数据库中，并进行试运行。例如，使用数据迁移工具将旧数据库的数据导入新数据库。

其次，联合测试应用程序和数据库，确保它们能够协同工作。例如，测试实际业务流程中的各项数据处理操作。

最后，正式投入运行，持续监控系统性能，以便及时发现并解决问题。例如，使用慢查询日志来找出性能瓶颈。

6.3.3　数据库性能优化

数据库性能优化是一个复杂且持续的过程，涉及多个方面。为了确保数据库的优良性能，可采用以下关键策略和方法。

硬件优化策略和方法如下。

- 增加内存：足够的内存可以让数据库缓存更多的数据，减少磁盘 I/O 操作。
- 使用 SSD：相对于传统机械硬盘，SSD 具有更快的读写速度。
- 网络优化：确保数据库服务器的网络带宽和延迟都能满足需求。

系统配置优化策略和方法如下。

- 调整数据库参数：调整缓存大小、连接数、锁的配置等。
- 优化操作系统：调整操作系统的网络、内存等参数，以适应数据库的需求。

数据库设计优化策略和方法如下。

- 规范化与反规范化：根据实际需求，进行规范化设计以减少数据冗余，或者适当进行反规范化设计以加快查询速度。
- 索引优化：合理创建索引可以显著提高查询效率，但过多的索引会降低写入性能。
- 使用分区表：将大表分割成更小、更易于管理的部分。

查询优化策略和方法如下。

- 编写高效的 SQL 语句：避免复杂的子查询、减少不必要的表连接等。
- 分析执行计划：通过分析 SQL 的执行计划找出性能瓶颈。
- 利用缓存：利用应用层面的缓存存储常用查询结果，减轻数据库的压力。
- 读写分离：通过主从复制等方式将读操作和写操作分散到不同的服务器。
- 分库分表：当单机的性能无法满足需求时，可以考虑水平拆分或垂直拆分数据库和表。
- 定期维护：包括碎片整理、备份、更新统计信息等。

监控与评估策略和方法如下。

- 性能监控：持续监控数据库的性能指标，如响应时间、吞吐量、锁等待等。
- 压力测试：定期进行压力测试，以评估系统的性能瓶颈。

6.3.4　数据库安全与隐私保护

在开发应用程序时，使用安全的数据库 API 和库，以防止 SQL 注入等常见的攻击。对敏感数据进行加密存储和加密传输，确保数据即使在泄露的情况下也无法被未授权者读取。实施严格的访问控制策略，确保只有授权用户才能访问特定的数据，并对用户的操作权限进行最小化原则配置，以降低安全风险。对数据应用掩码、伪数据生成和数据切分等技术，定期对数据库进行安全审计，记录和监控所有数据库活动，以便及时发现和应对潜在的安全威胁。及时修复数据库的安全漏洞，以防止攻击者利用这些漏洞进行攻击。提高数据库管理员和用户的安全意识，定期进行安全培训。

6.4　数据清洗

数据清洗（data cleaning）是指检测和修正数据集合中错误数据项以及对数据进行平滑处理等操作的数据预处理过程。数据清洗是数据处理和数据分析中一个非常重要的步骤，它可以帮助我们提高数据的质量，从而提高数据分析和机器学习的准确性与可靠性。在实际应用中，我们可以使用一些工具和技术（如 pandas、NumPy 和 OpenRefine 等）实现数据清洗。通过数据清洗，我们可以获得更加准确、可靠和有用的数据。本节重点介绍数据清洗的方法。

6.4.1　数据去重

数据去重（data deduplication）是指识别并删除数据库中重复的数据记录。数据去重的步骤包括确定能够唯一标识记录的字段组合，使用相应方法识别出重复的记录，然后选择保留最新或最完整的记录，同时删除或合并重复的记录，并通过再次执行数据去重过程来验证结果，确保没有错误地删除或合并数据。以下是几种常见的数据去重方法。

- 哈希法：对每条记录计算一个哈希值，然后通过比较哈希值找出重复的记录。常用的哈希函数包括 MD5、SHA-1 等。
- 排序法：先对数据按照某个关键字段排序，再比较相邻的记录是否重复。这种方法虽然简单，但是可能不适用于较大的数据集，因为大量数据的排序非常耗时。
- 索引法：在数据库中使用主键或唯一索引来确保数据记录的唯一性。在插入新记录时，数据库系统会自动检查并忽略重复的记录。

总之，在进行数据去重时，要考虑数据的规模、复杂性和应用场景，选择合适的数据去重方法。同时，保留去重过程中的日志和记录，以便后续的分析和审计。

6.4.2　缺失值处理

缺失值处理是数据清洗的重要环节，通常可采用以下几种方法。

- 删除缺失值：如果缺失值不多，可以直接删除含缺失值的记录或字段。这种方法简单直接，但可能会导致信息丢失。
- 填充缺失值：用固定的常数填充缺失值，如用 0、某个固定值、中位数或该字段的所有非缺失值的平均值、中位数、众数来填充缺失值。
- 使用模型预测：利用机器学习模型，如回归模型、决策树模型等，根据其他字段预测缺失值。

- 插值法：对于时间序列数据，可以使用插值法（如线性插值、多项式插值等）来估计缺失值。
- 前向填充/后向填充：在时间序列数据中，可以用前一个非缺失值或后一个非缺失值来填充当前缺失值。

6.4.3　异常值处理

异常值指的是数据集中与其他大量数据有明显区别的观测值，也称为离群点。异常值处理就是识别异常值，并对异常值进行替换或者删除处理。

识别异常值可通过可视化方法、统计方法或机器学习算法来实现。

评估异常值指的是分析异常值产生的原因，如数据录入错误、测量误差等。

如果异常值是错误数据，可以选择删除这些记录，也可以用平均值、中位数、众数或其他估算值替换异常值，还可以对异常值进行对数转换、Box-Cox 转换等，使其更接近正态分布。

6.4.4　数据标准化与归一化

数据标准化（data standardization）与归一化（data normalization）是数据清洗中常用的两种技术，用于改变数据的数值范围和分布，以便某些模型能够更好地处理数据或提高模型的性能。标准化通常在数据服从正态分布时使用，而归一化则适用于数据分布未知或非正态分布的情况。正确的数据标准化和归一化可以提高模型的收敛速度，避免某些特征对模型结果产生影响。

数据标准化通常指的是将数据调整到一个固定的范围，通常使其符合均值为 0、方差为 1 的标准正态分布，通常使用以下公式来实现。

$$Z = \frac{x - \mu}{\sigma}$$

式中，μ 表示均值；σ 表示方差。

数据标准化保留了数据集中数据的变异性和分布形状，适用于那些对数据分布有假设的算法，如线性回归、逻辑回归、支持向量机等。

数据归一化则是指将数据缩放到一个固定的区间，通常是[0, 1]，这个过程可以通过以下公式实现。

$$x_{\text{norm}} = \frac{x - x_{\min}}{x_{\max} - x_{\min}}$$

归一化确保了所有特征在相同的尺度上，这对那些对输入数据的尺度敏感的算法（如神经网络算法和 K 近邻算法）是有益的。

6.5　数据标注

数据标注（data annotation）是机器学习和人工智能领域中的一项重要任务，它涉及将原始数据（如图像、文本、视频等）加上标签或注释的过程，以提供关于数据的额外信息。这些信息对训练和评估机器学习模型至关重要。本节将详细介绍标注流程、标注方法。

6.5.1　标注流程

通过对人工智能数据标注流程的深入了解，可以确保人工智能模型建立在坚实的基础之上，具有针对特定任务的高度准确性和可靠性。一个精心设计和执行的数据标注流程是打造成功的人工智能应用的关键所在。

众包（crowdsourcing）模式指的是把传统上由组织内部员工或外部承包商所做的工作外包给一些没有清晰界限的个人或群体去做的模式。在众包模式中，任务通常通过在线平台发布，任何人都可以选择参与并完成这些任务。这些任务可能包括数据标注、内容创作、问题解决、市场调研等。众包模式利用了大众的智慧和力量，能够快速、低成本地完成大量工作，同时为参与者提供了获取报酬、展示能力或参与有趣项目的机会。众包模式下完整的数据标注流程如图 6-3 所示。

（1）明确需要标注的信息，如实体、关系、情感等。创建详细的标注指南，以确保标注的一致性和质量。

（2）选择专业的标注工具，如 Vatic、Labelbox、CVAT 等。

（3）由专业的标注员根据标注指南进行标注，可能涉及手动标注或半自动标注。

（4）对标注结果进行审核，确保其准确性和一致性。

（5）对标注数据进行裁剪、缩放、旋转等操作，以提高模型的泛化能力。

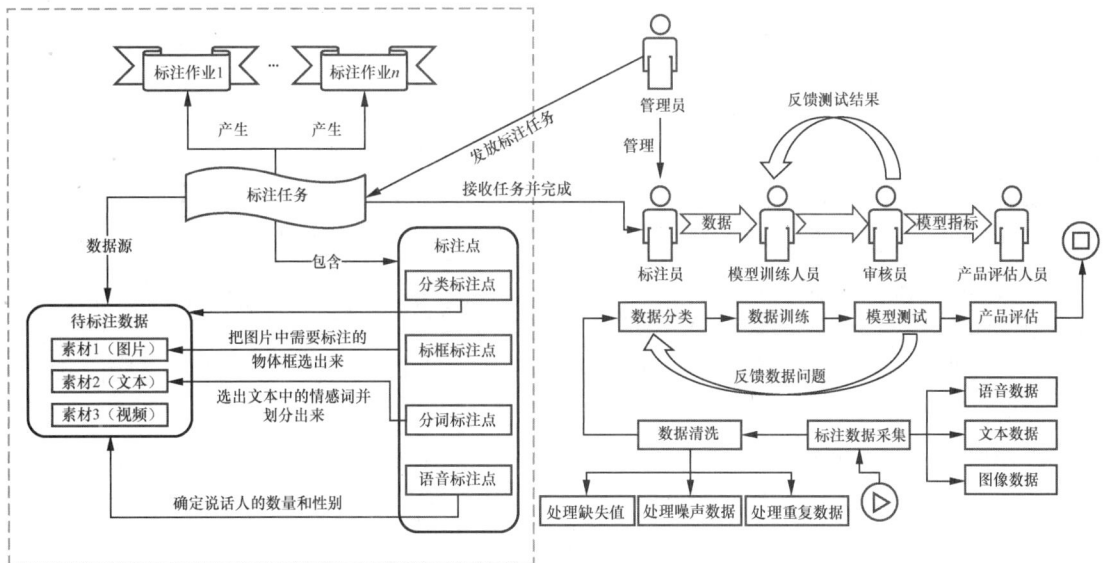

▲图 6-3　众包模式下完整的数据标注流程

在以上流程中，可以加入一些额外的步骤，如预处理（如图像裁剪、调整分辨率等）、后处理（如数据清洗、格式转换等）等，以提高标注的效率和质量。此外，还可以使用一些自动化工具和技术（如机器学习算法、半自动标注等）来辅助标注过程。

数据被分配给标注员进行手动标记。针对不同类型的数据，标注的形式也会有所不同。例如，对于图像数据，可能需要标注物体的边界框；对于文本数据，可能需要进行情感分类；而对于语音数据，可能需要转录和标记特定的语音特征。标注工作应该遵循项目的特定指导原则，以确保一致性和准确性。

6.5.2　标注方法

本节介绍文本标注、图像标注和视频标注。

1. 文本标注

文本标注是自然语言处理领域中的一个核心任务，它涉及为文本数据添加注释，以便机器学习模型能够理解文本内容，学习语言的复杂性和多样性。文本标注的类型通常包括针对文本的情绪分析、意图识别、语义理解和关系识别，每种类型都对应解决特定问题的自然语言处理应用。文本标注的方法通常如下。

- 手动标注：由熟练的标注员根据标注指南进行。
- 半自动标注：利用自动化工具辅助标注员，减少手动工作量。
- 众包标注：通过在线平台（如 Amazon Mechanical Turk）将任务分发给大量非专业标注员。

主流的文本标注工具（如 Prodigy、BRAT 或 Doccano 等）都提供了用户友好的界面和功能，使手动标注过程更加高效。这些工具通常支持协作标注、自动化建议以及定制化的标签集，从而优化标注过程。

2. 图像标注

图像标注是机器学习和人工智能领域（尤其是在计算机视觉领域）中的一项关键任务。图像标注涉及为图像中的各个对象和特征添加元数据，这些元数据能够帮助人工智能模型识别和理解图像内容。图像标注的类型多样，每种类型都对应特定的计算机视觉任务，如目标检测、物体识别、图像分类、语义分割等。

图像标注主要包括以下类型。

- 目标检测：通常使用边界框（bounding box），在图像中绘制一个矩形框来标记目标的位置，并为其分配一个类别标签。
- 物体识别：类似于目标检测，但更侧重于识别图像中的物体，而不一定需要定位。物体识别用于为图像中的每个物体分配一个类别标签，有时也会标注物体的位置。
- 图像分类：用于为整个图像分配一个或多个代表图像内容或主题的类别标签。
- 语义分割：用于为图像中的每个像素分配一个类别标签，以区分不同的物体和区域。

3. 视频标注

视频标注是一种为视频内容添加元数据的过程，元数据可以是关于视频中的对象、事件、行为、场景或情感的信息。视频标注在机器学习和人工智能领域尤为重要，尤其是在训练视频分析模型时。视频标注主要包括目标跟踪、动作识别、事件检测、场景分割和情感分析，分别用于标注视频中移动的物体或人物的位置和轨迹、人物的动作或行为、发生的事件、不同场景或背景以及情感内容。

6.6　数据集管理

在数据驱动的世界中，数据集管理是构建可靠机器学习模型和进行有效数据分析的核心。数据集管理不是一个孤立的过程，而是整个数据生态系统的一部分。

数据集管理能够将上游复杂的数据与下游的模型隔离开来。这意味着数据工程师和算法工程师可以并行工作，互不干扰。数据工程师负责数据收集、清洗和预处理，而算法工程师则专注于模型的开发和优化。在基于深度学习的项目中，数据集经常需要进行迭代和更新。

通过数据集管理服务，可以实现数据集版本的控制，确保每次训练模型时都使用正确的数据集版本。数据集管理服务可以实时监控数据的质量和完整性，一旦发现问题，及时发出警告。

本节将深入探讨数据集版本控制、数据集生命周期管理、数据集质量管理。

6.6.1　数据集版本控制

数据集版本控制是一种管理和追踪数据集变化的重要方法，它确保数据在不断变化的过程中的可追踪性和重现性。在基于数据科学和机器学习的项目中，数据集版本控制允许用户跟踪数据集的变更历史，回滚到之前的数据集版本，以及在协作中保持数据的一致性。

以下是实现数据集版本控制的关键步骤。

（1）选择版本控制系统。可选择专用工具（如 DVC、Pachyderm 等），它们专为数据科学项目设计；也可选择通用工具（如 Git），它们虽然不是专门为数据设计的，但可以通过与数据存储系统集成来管理数据版本。

（2）确定版本控制策略。可选择快照式版本控制，即每次更改都创建数据集的一个完整副本；也可选择差异式版本控制，即只记录数据更改情况，而不是整个数据集。

（3）配置版本控制系统。首先，初始化仓库，设置版本控制仓库，配置访问权限和存储位置。然后，定义文件结构，确定对哪些文件和目录需要进行版本控制。

（4）记录工作流程。

- 提交更改：每次对数据集进行更改后，都应该创建一个新的版本并提交更改。
- 添加版本标签：为重要的数据集版本添加标签，以便于识别和引用。
- 记录变更日志：记录每次提交的变更内容、原因和影响。

在实施数据集版本控制时，注意存储空间的潜在占用，尤其是采用快照式版本控制时；同时，频繁的版本控制操作可能会对系统性能造成影响。此外，必须确保版本控制系统能够验证数据的完整性，防止损坏的数据版本被保存。通过精心设计和执行有效的数据集版本控制策略，可以显著提升数据管理的效率及数据科学项目的可靠性。

6.6.2　数据集生命周期管理

数据集生命周期管理是一个涵盖数据集采集、存储、处理、集成、验证、标注、建模、共享、维护和归档等阶段的全面过程，旨在确保数据在每个阶段都能充分发挥价值，同时保持安全性和合规性。在当今数据驱动的商业环境中，有效的数据集生命周期管理变得尤为重要。

在数据创建和采集阶段，识别数据来源并采集原始数据；在导入和存储阶段，将数据格式化并选择合适的存储方案；在数据处理和清洗阶段，去除无效数据和转换数据格式；在集成和整合阶段，完成数据融合和验证数据的一致性；在数据验证和质量控制阶段，检查数据质量并生成报告；在数据标注和增强阶段，添加标签和增加数据多样性。

为了确保数据的质量、可用性和安全性，数据集生命周期管理的要点包括制定数据管理政策和流程、实施版本控制、保护数据安全与隐私、维护元数据以及监控和审计数据的使用情况。通过这些有序的管理活动，组织能够支持数据驱动的决策和业务流程，从数据建模和分析中提取有价值的信息，并在数据共享和发布阶段确保合规性和隐私保护，最终在数据不再需要时进行归档和销毁。

6.6.3　数据集质量管理

数据集质量管理是确保数据准确性和可靠性的关键过程，涵盖了从数据创建到使用的各个方面。在机器学习和人工智能领域，高质量的数据集是模型成功的基础。

要提高数据集的质量，建议如下。

首先，通过样本量评估判断数据集是否具备足够的规模来支持建模任务。较大的样本量能够提供更准确的统计结果，并降低过拟合的风险。

其次，通过数据完整性检查确保数据集中没有缺失数据或者异常值。对于缺失数据，可以采取插补方法进行填充；对于异常值，可以通过统计分析或可视化工具进行检测和处理。

再次，通过样本代表性评估检查数据集中的样本是否可以代表整体的情况。例如，如果数据集被用于人口统计学研究，那么数据集中各个群体的样本比例应与全部人口的一致。

最后，通过标签质量检查确保数据集中标签的准确性。这对构建合理的模型至关重要，可以进行人工检查或者与领域专家协商以验证标签的正确性。

此外，减少数据偏差也是提高数据集质量的重要环节。当数据集中某个类别的样本数量远大于其他类别的样本数量时，模型会对这些类别更加偏向。在数据偏差问题上，可以使用 GAN 生成更多代表性的样本，可以通过欠采样、过采样或生成合成样本等方法来平衡不同类别的样本数量。

人工智能平台提供了数据集管理模块，支持创建自定义数据集和使用公共数据集，同时提供了从阿里云产品创建数据集和通过扫描文件创建数据集的功能。Facets 是由 Google 公司开发的开源项目，它提供了 Overview 和 Dive 两个可视化组件，能帮助用户快速评估数据集的质量，发现数据集中潜在的问题，如存在异常值或缺失值、分布不均等。

6.7 小结

本章深入探讨了智能系统数据平台设计。智能系统数据平台的设计要点包括数据平台的构成、数据集的构建、数据存储与数据库、数据清洗、数据标注、数据训练、数据集管理等。构建一个强大、可靠且高效的智能系统数据平台,可以为企业和组织的数字化转型提供支持。

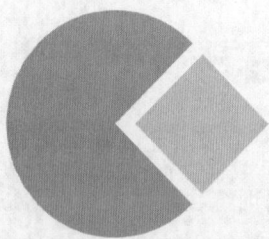

第 7 章　智能系统算法设计

随着人工智能技术的不断进步，以及计算能力的飞跃和数据规模的增长，我们正见证从小模型时代向大模型时代的转变，这一转变不仅重塑了算法设计的方法论，还为人工智能工程设计带来了新的挑战与机遇。在小模型时代，算法设计的重点在于解决具体、封闭的问题，强调的是算法的效率、稳定性和可靠性。而进入大模型时代后，通过深度学习等技术实现的生成式人工智能模型，开辟了解决开放式问题的新路径，同时对算法的微调方法及其优化策略提出了更高的要求。

本章将围绕人工智能工程设计的核心——算法设计进行深入探讨。本章涵盖从小模型时代的精细化设计到大模型时代的系统级构建，旨在揭示这一转变如何影响算法的设计与实现，以及如何通过微调方法使预训练模型适应特定的任务或数据集。同时，本章将探索如何通过算法优化技巧提升模型的性能和效率。

7.1　小模型场景下的算法设计

传统的算法设计涉及机器学习和深度学习等领域，目标是通过巧妙的策略和方法，实现数据的高效处理和模式的准确识别。面对不同的场景，算法设计师需要采用多种技术手段，包括特征工程、模型选择、参数优化等，来构建适应特定任务的模型。本节将介绍小模型场景下的算法设计，深入分析传统机器学习与初期深度学习模型的构建方法。从线性回归、决策树、支持向量机到早期的神经网络，我们将探讨这些算法如何处理分类、回归、预测等问题。

7.1.1　问题导向的设计理念

你是否面对一个解决方案将为企业或客户增加价值的问题？这个问题能够通过人工智能来解决吗？人工智能在解决问题方面的效果显著，但启动任何人工智能项目的首要前提是明确、清晰地定义所要解决的问题。只有泛泛的考虑是不够的，在制订潜在的人工智能计划时，需要明确希望解决的具体问题。实践表明，人工智能在分类、分组、生成和预测等方面拥有广泛的应用，具体示例如表 7-1 所示。

在资源分类、任务分配等领域，人工智能能够通过优化算法，确保资源的有效利用，提高生产力和效率。例如，在供应链管理中，人工智能可以根据市场需求、存储条件和物流成本，对库存和运输资源智能分类。人工智能在数据分类和分组上的应用能够帮助企业从庞大的数据集中发现模式和联系，从而进行有效的市场细分或客户细分。通过聚类分析等无监督学习方法，人工智能可以揭示隐藏在数据中的群体特征，为营销策略制定和产品开发提供依据。在内容生成、设计创新等方面，人工智能的生成模型（如 GAN 等）能够创造出新的图像、文本甚至音乐作品。这不仅为创意产业提供了新的可能性，还为自动生成内容开辟了新途径。人工智能主要通过机器学习模型对未来趋势进行预测。人工智能技术已被广泛应用于金融市场分析、销售预测、天气预报等领域。通过对历史数据的深度学习，人工智能能够准确预测市场变化、消费者行为等，为企业决策提供有力支持。

表 7-1　　　　　　　人工智能在分类、分组、生成和预测方面的应用示例

条　　目	说　　明	应用示例
分类	确定某物是什么（分类）	理解文本的情感，识别图像中的标志，根据症状做出医疗诊断
	确定项目之间的关联性（回归分析）	量化产品保质期与防腐剂之间的关系，评估消费者收入如何影响其购买的倾向，根据二手车的状况预测其购买价格
分组	根据数据确定相关性和子集（聚类）	在客户群中识别子群体以实现更精准的目标定位，识别客户反馈调查中的主题
生成	根据输入创建图像或文本（生成）	创建一个用于客户服务的聊天机器人，将客户对话翻译成不同的语言；设计用于广告的高保真媒体图片
预测	根据时间序列数据预测未来变化情况（序列分析）	预测每周销售额，以避免易腐物品的损失；确定设备故障的概率，以便主动更换；预测汇率波动

　　在解决问题时，重要的是要识别出那些能够通过人工智能解决并带来真正价值的问题。这意味着不仅要分析问题是否适合用人工智能来解决，还需要考虑解决这一问题对业务或客户的具体价值。因此，在实施人工智能项目时，始终围绕清晰定义的问题展开、明确项目的目标和预期成果是成功的关键。只有这样，人工智能技术的强大潜能才能被充分利用，为企业带来创新和竞争优势。

7.1.2　分类问题

　　分类问题旨在将输入数据归类到预定义的标签或类别中。这类问题在日常生活中无处不在，从垃圾邮件过滤到社交媒体中的情感分析，再到医学影像中疾病的诊断。正确的分类不仅能提高决策的质量，还能在很大程度上优化和实现自动化流程。

　　分类算法因可以提供明确的、正确的输出，进而简化开发流程，成为人工智能工程设计的常用方法。典型的分类算法有 CNN，它因为在解决分类问题上的有效性而广受欢迎。CNN 是一类用来处理具有类似网格结构的数据（如图像数据等）的神经网络。在图像分类问题中，CNN 通过学习图像的层次特征，能够有效地识别和区分不同的视觉对象。CNN 的强大之处在于其能够自动、有效地提取图像特征，无须人工干预，这大大降低了特征工程的复杂度。

　　尽管 CNN 在图像分类问题上表现出色，但是以下技术也可以解决分类问题，且在某些场景下更高效。

- 支持向量分类器（Support Vector Classifier，SVC）：一种强大的分类器，适用于二分类和多分类问题。通过找到不同类别之间的最优边界，SVC 能够实现高准确度的分类。

对于非线性可分的数据，SVC 还可以通过核函数将数据映射到高维空间，从而实现有效分类。

- 贝叶斯分类器：基于贝叶斯定理，这种方法通过计算给定特征下类别的条件概率进行分类。贝叶斯分类器特别适用于处理具有不确定性的数据，如文本数据。
- *K* 近邻（*K*-Nearest Neighbor，KNN）分类器：一种基于实例的机器学习方法，通过测量输入数据与训练数据集中数据的距离来进行分类。KNN 分类器没有显式的训练过程，但需要高效的数据索引和搜索策略。

以上 3 种技术的对比如表 7-2 所示。

表 7-2 解决分类问题的 3 种技术的对比

技 术	优 点	缺 点
SVC	在变量众多时效果显著，内存使用率高	容易过拟合，无法直接提供概率估计来评估结果
贝叶斯分类器	训练和运行速度快，适用于文本数据	对训练数据高度敏感，分类的概率不可靠
KNN 分类器	在类别之间的边界定义不清楚时有效	要求所有数据必须存储在内存中；预测需要额外的资源和时间

在选择适合特定分类问题的技术时，需要考虑多个因素。

- 数据量与维度：大数据集和高维数据可能更适合使用 CNN 等方法。
- 准确率：若对分类结果的准确率有更高的要求，可能需要选择准确率更高的算法。
- 速度与资源：在需要快速或资源受限实施的场景下，KNN 分类器或贝叶斯分类器可能是更好的选择。
- 可解释性：在某些领域（如医疗诊断），模型的可解释性极为重要，决策树在这方面具有优势。

虽然 CNN 在图像分类问题上的成功引起了广泛关注，但是在解决分类问题时，多样化的技术选择能使算法设计更加灵活。通过深入理解每种技术的优势和适用场景，可以更有效地解决具体问题，提高业务价值。

7.1.3 回归问题

回归的目的在于量化某一特征存在的程度。尽管回归与分类在方法上存在一定的交集，但是从目标任务上看，回归更关注连续值的预测。在数据科学和机器学习领域，回归分析是一种重要的统计方法，用于预测和确定一个或多个自变量（解释变量）和因变量（响应变量）之间的关系。与分类问题主要关注标签的归属不同，回归问题更加关注的是变量之间的连续性关系。

回归分析的应用中极为广泛，例如，预测房价、股票价格、天气温度等。在这些场景中，基于历史数据建立数学模型，通过分析自变量对因变量的影响程度，预测未来因变量的变化趋势。

回归问题与分类问题在技术应用上存在重叠。两者都需要对数据进行分析和处理，找到合适的模型来描述数据之间的关系。以下是 3 种解决回归问题的常用技术。

- 支持向量回归（Support Vector Regression，SVR）：支持向量机（Support Vector Machine，SVM）在回归问题上的应用。通过构建一个能够大幅度减少预测误差的模型，SVR 能够处理线性和非线性的回归问题，特别适用于实现高维数据的回归分析。
- LASSO 回归：通过对模型参数进行惩罚，实现模型的稀疏性，从而减小不重要的特征对模型的影响。这种方法特别适用于特征数量远大于样本数量的数据集，有助于提高模型的可解释性和预测准确度。
- CNN：虽然更常用于解决图像分类问题，但是在某些回归问题（如图像中对象的尺寸预测、图像质量评估等）中，CNN 也能发挥重要作用。CNN 能够自动提取和学习图像的特征，用于回归分析。

表 7-3 展示了以上 3 种技术的对比。

表 7-3　　　　　　　　　　　　　　解决回归问题的 3 种技术的对比

技　　术	优　　点	缺　　点
SVR	在变量众多的情况下效果显著，灵活易用，可以用于新数据的外推	容易过拟合，提供的预测结果无法确保其正确性，必须通过间接方法确定置信度
LASSO 回归	预测速度快，非常适合少数几个变量就能大幅地影响预测结果的情况	最小化输入变量可能会导致过拟合训练数据，选定的变量可能会过于简化问题
CNN	对复杂问题有效	难以确定哪些输入对预测有贡献，难以确定预测结果的置信度

尽管有多种技术可供选择，但是解决回归问题仍面临诸多挑战。以下是一些主要方面。

- 数据质量和数量：高质量、大量的数据是模型训练的基础。数据的不准确或不完整都会直接影响模型的性能。
- 特征选择：在众多特征中选择对预测结果影响较大的特征是一大挑战。过多或不相关的特征会导致模型复杂度增加，甚至出现过拟合现象。
- 模型选择和调优：不同的回归问题可能适合不同的模型和参数设置。要找到适合特定问题的模型及其参数配置，需要大量的实验和测试。

回归问题在人工智能和机器学习领域占据重要地位，解决这类问题需要深入理解数据的内在规律并选择合适的技术。尽管回归问题与分类问题在技术上存在重叠，但是每个问题的具体情况都有所不同，需要针对性地选择和调整解决方案。随着人工智能技术的不断进步，新的算法和工具不断涌现，为回归问题的解决提供了更多可能性。只有通过不断探索和实践，才能够更有效地应对回归问题带来的挑战，推动各领域的发展和创新。

7.1.4　分组问题

当面对未标记的数据并试图将其聚集成相似的组时，我们需要依赖能够揭示数据相似性的技术。然而，当数据具有多个维度时，揭示"相似性"就变得尤为困难。多维数据的每个维度都可能承载重要信息，而如何综合这些信息来评估数据点之间的相似性，是聚类分析中的一个关键问题。

聚类是一种无监督学习方法，旨在对数据集中的对象分组，使同一组内的对象比其他组的对象更相似。在没有预先给定标签的情况下，聚类分析试图发现数据内在的结构，基于对象之间的距离或相似度指标（如欧氏距离、曼哈顿距离或余弦相似度等）定义相似性。

在多维数据中，定义相似性尤其复杂。每个维度可能代表完全不同的特征，而且不同特征的重要性可能不同。此外，随着维度的增加，数据的稀疏性（即所谓的"维度灾难"）会显著增加，使简单的距离度量变得不再可靠。因此，在处理多维数据时，选择合适的相似性度量和降维技术变得至关重要。

均值漂移聚类（mean shift clustering）是一种基于密度上升的聚类算法，能够自动确定聚类的数量。它通过迭代地更新候选聚类的中心，找到数据点密度最高的区域。均值漂移聚类不需要预先指定聚类数，特别适用于对数据结构没有先验知识的场景。

K 均值聚类（K-means clustering）是使用最广泛的聚类算法之一，通过最小化组内距离的平方和划分数据。虽然 K 均值聚类在处理大数据集时非常高效，但是它要求预先指定聚类的数量，并且假设聚类是球形的，这在多维数据中不总成立。

高斯混合模型（Gaussian Mixture Model，GMM）是一种概率模型，它假设所有数据点都是从若干高斯分布中生成的。相对于 K 均值聚类，GMM 提供了更灵活的聚类划分，因为它不仅考虑了聚类的中心，还考虑了聚类的形状和大小。

解决分组问题的常用技术的对比如表 7-4 所示。

表 7-4 解决分组问题的常用技术的对比

技　术	优　点	缺　点
均值漂移聚类	不需要提前知道需要聚为几类	每次迭代中邻居之间的计算数量限制了算法的可扩展性
K 均值聚类	可扩展到大型数据集	提前定义聚类数量可能很困难，因为这需要对可能的答案有一些了解。 如果数据形状不规则，在多维空间中绘图时，数据可能会变得混乱，并出现不规则的分布
GMM	依赖概率，GMM 可以将数据点标记为属于多个类别，这对于边界情况可能很有价值	如果高斯分布的假设不成立，聚类在处理数据时会表现不佳

在聚类分析中，相似性的定义和度量对结果有决定性的影响。除了传统的距离度量外，还可以考虑基于密度的相似性度量［如局部异常因子（Local Outlier Factor，LOF）］或基于图的相似性度量（如最短路径长度）。此外，降维技术［如主成分分析（Principal Component Analysis，PCA）、t-分布随机邻域嵌入（t-Distributed Stochastic Neighbor Embedding，t-SNE）或统一流形逼近和投影（Uniform Manifold Approximation and Projection，UMAP）］也常用于处理多维数据，以揭示数据的内在结构。

当处理未标记的多维数据的聚类问题时，正确定义和度量相似性是关键。通过均值漂移聚类、K 均值聚类、GMM 等聚类算法，根据数据的内在结构，对其有效分组。然而，每种方法都有其使用范围和限制，因此在实际应用中需要根据具体问题的特点和数据的性质仔细地选择与调整。随着人工智能和机器学习技术的发展，将会有更多高效、智能的聚类方法被开发出来，以更好地应对多维数据聚类的挑战。

7.1.5　生成问题

在诞生之初，人工智能就用来生成文本。在此后的几十年里，生成技术经历了变革。特别是在 GAN 引入之后，其应用领域也扩展到了图像和声音。大模型技术促进了人工智能生成技术的飞速发展。

模式匹配是最原始的生成技术之一，但它在文本生成中只提供了智能的假象。通过使用一个包含短语和关键字的词典识别输入语句，以轻松地创建有效的回应。

概率预测对于文本生成来说很有效。给定一个或几个句子中的词，概率模型能得出最有可能接在后面的词或短语。

变分自编码器（Variational AutoEncoder，VAE）使用一个 CNN 将数据编码成向量，然后用另一个网络将向量解码回原始数据。训练网络后，改变输入向量将提供近似真实的输出。

GAN 由一个生成器网络［如 DCGAN（Deep Convolutional Generative Adversarial Network，深度卷积生成对抗网络）］和一个用于分类的卷积神经网络组成。生成器网络试图创建一个能欺骗用于分类的卷积神经网络的输出，而用于分类的卷积神经网络则变得越来越精于识别不真实的输出。经过充分的训练，生成器网络能创造出无法与真实例子区分的图像或文本数据。解决生成问题的常用技术的优缺点如表 7-5 所示。

表 7-5　　　　　　　　　　　解决生成问题的常用技术的优缺点

技　术	优　点	缺　点
模式匹配	对于可以完全映射的重复性情况很有用	当输入超出预定义区域时，它们很快就会变得毫无意义
概率预测	随着使用次数的增加迅速改进	解决一组范围有限的问题
VAE	对输出直接与原始数据进行比较	如果原始数据向量与新输入向量之间的差异过大，输出逼真的可能性会降低。 图像输出可能会模糊
GAN	从随机输入噪声中创建逼真的输出	除非 GAN 搜索整个输入空间，否则不能生成具有特定特征的输出。随机输入产生随机（尽管逼真的）输出；不能强制一个特定的输出条件。 用于分类的卷积神经网络只能识别真实图像和伪造图像，并不确定输出是否包含感兴趣的元素。 创建的图像或文本越复杂，生成逼真的输出就越困难。 当前研究集中在将挑战分解为多个生成步骤上

在文本生成的早期尝试中，模式匹配因其简单直观而被广泛使用。尽管这种方法无法理解或生成复杂的文本内容，但是它在一定程度上模拟了对话的过程，为更高级的文本生成技术奠定了基础。

随着计算能力的提升和数据科学的发展，基于概率的模型开始被应用于文本生成。这类模型通过分析大量文本数据，学习词语之间的概率关系，预测文本的后续内容。相对于模式匹配，这类模型能够生成更加流畅且逻辑性更强的文本，为机器翻译、自动摘要等领域提供了强大的技术支持。

而 VAE 的出现开启了使用深度学习技术进行图像生成的新篇章。通过将图像编码为一个低维向量，VAE 能够在向量空间内探索新的可能性，生成新的图像内容。这一技术不仅在图像生成领域展现了巨大的潜力，还为理解深度学习模型的内部机制提供了新的视角。

GAN 的设计思想是通过两个网络的对抗过程促进模型的学习，它极大地推动生成技术的发展。在 GAN 的帮助下，从文本到图像的生成质量都得到了显著提升。生成器网络和鉴别器网络的竞争机制不仅提高了生成内容的真实性，还使模型能够自我优化，生成更高质量的内容。

尽管人工智能在文本和图像生成方面取得了重大的进展，但是它仍面临伦理、版权和创造性等方面的挑战。如何确保人工智能生成内容的合法性和道德性是未来的重要议题。同时，随着技术的不断进步，人工智能生成技术将在艺术创作、教育培训等领域发挥巨大的作用。

7.1.6 预测问题

预测未来事件涉及对历史数据的深入分析和理解。尽管历史数据提供了一定的参考价值，但是未来事件往往充满不确定性。因此，建立有效的预测模型需要综合考虑历史数据的模式和外部因素可能带来的影响。

表 7-6 列出了对预测问题可以使用的技术。

表 7-6   对预测问题可以使用的技术

技 术	说 明	优 点	缺 点
因果模型	作为分配问题的一个子类，因果模型可以使用相同的技术（附加考虑变量变化率）来预测新的值	实现起来简单直接	仅考虑一个时间点，未能考虑长期趋势
HMM	HMM 根据前一个时间步提供一系列事件。HMM 假设对未来的预测可以仅基于当前状态，与更早的历史状态是不相关的	非常适合基于概率分布学习和预测数据中的序列	训练挑战性大；如果序列发生变化，准确性会迅速下降
ARMA 模型	尽管起源于 20 世纪 50 年代，但是 ARMA 模型现在仍然有用。ARMA 模型考虑过去的值，使用回归来建模和预测新值，使用移动平均来计算误差	考虑过去的值和预测误差，相对于 HMM 有更好的适应性	可能会过度简化那些在时间序列中具有复杂周期性或随机性的问题

因果模型通过分析变量之间的因果关系来进行预测，这要求模型不仅考虑数据的历史值，还考虑变量之间如何相互作用和影响。这种方法在金融、经济和社会科学等领域尤为重要，因为因果模型能揭示变量变化的深层原因。

隐马尔可夫模型（Hidden Markov Model，HMM）通过考虑时间序列中的状态转换来进行预测。该模型基于一个关键假设：未来状态仅依赖当前状态，而与更早的历史状态无关。这个假设使 HMM 特别适合处理那些当前状态能够有效反映系统未来行为的情况。

自回归移动平均（Autoregressive Moving Average，ARMA）模型结合了自回归（AutoRegressive，AR）和移动平均（Moving Average，MA）两种方法，通过分析时间序列的自相关性和误差项进行预测。ARMA 模型能够有效捕捉时间序列的波动特征，适用于经济数据、股票价格的预测。

选择合适的预测算法需要考虑数据的特性、预测的目标和精度要求。对于不同的预测问题，因果模型、HMM 和 ARMA 模型等方法各有优势。有效的预测不仅依赖算法的选择，还需要对数据进行准确的解读并结合外部因素进行综合分析。

在构建预测模型时，理解数据的因果和周期性效应至关重要。通过运用因果模型、HMM 和 ARMA 模型等技术，我们能够从历史数据中提取有价值的信息，为未来的决策提供支持。尽管未来固有的不确定性给预测技术的应用带来了挑战，但是通过不断优化模型和算法，我们能够提高预测的准确性和可靠性，为各行各业的发展提供强大的数据支持。随着人工智能和机器学习技术的不断进步，预测技术将继续在未来发挥重要作用，帮助我们更好地理解和预测这个复杂多变的世界。

7.2　大模型微调技术

在大模型时代，算法设计的任务并不局限于创造新模型，而更多地转向如何有效利用和优化已有的预训练模型，使其更好地服务于特定的应用场景。随着人工智能技术的快速发展，大语言模型［如 GPT、Stable Diffusion、GLM（General Language Model）等］已展现出强大的通用性和学习能力，成为解决复杂自然语言处理问题的重要工具。然而，如何微调这些模型以适应具体领域的任务，成为算法设计师面临的新挑战。微调是一种改进机器学习模型泛化能力和任务适应性的方法，通过对模型参数进行微小的调整，可以有效提高模型在不同数据集上的表现，同时增强模型的可解释性，使模型能够更好地理解和预测数据。微调的具体操作包括调整模型的结构、修改模型的参数，以及优化模型的训练过程等。这些操作旨在通过对模型进行局部调整和优化，提高模型的性能，从而更好地适应特定的任务和数据。本节将重点介绍 4 种有效的微调技术——LoRA（Low-Rank Adaptation，低秩适应）、前缀调优（prefix tuning）、提示调优（prompt tuning）和 P 调优（P-tuning）。

在大模型时代，算法设计不仅关注模型的创建，更加关注模型的适应性、可扩展性和定制化。上述 4 种微调技术能在不显著增加计算负担的情况下，调整和优化预训练模型。这些技术能够在保持模型原有知识结构的基础上，通过细微调整模型的部分参数或结构，显著提升模型在特定任务上的性能。

7.2.1　LoRA

使用 LoRA 技术进行大模型微调，如图 7-1 所示。随着预训练模型在自然语言处理、图像识别等领域的广泛应用，如何在不牺牲模型性能的前提下，高效地将这些通用模型适配到特定领域任务成为算法设计师面临的挑战。LoRA 技术不仅解决了这个问题，还为算法设计提供了新的视角。

LoRA 通过在 Transformer 架构的每一层注入可训练的秩分解矩阵，有效地减少了模型微调过程中需要更新的参数数量。这种设计不仅减轻了计算负担，还允许算法设计师在维持模型预训练权重不变的同时，精确调整模型。这种设计体现了对算法设计中"少即是多"的深刻理解，通过优化少数关键参数实现模型性能的大幅提升。

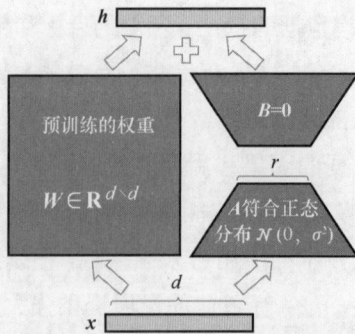

▲图 7-1 使用 LoRA 进行大模型微调

LoRA 技术的应用展现了在大模型时代的算法设计中对效率和灵活性的重视。在处理大数据和复杂任务时，快速、有效地调整模型是成功设计算法的关键。LoRA 不仅提高了模型调整的效率，还为模型的灵活适配和定制化提供了可能。

虽然 LoRA 技术在理论和实验中展现出优秀的性能，但是在实际应用中它仍面临诸多挑战，例如，如何选择更合适的秩，如何平衡模型的复杂度和性能等。此外，LoRA 技术的成功应用为算法设计师提供了探索新模型、新技术的广阔空间。随着对高效算法需求量的增加，LoRA 及类似技术的研究和应用将为解决复杂问题提供更多可能。

7.2.2 前缀调优

前缀调优技术通过保持语言模型参数的固定，优化一系列连续的、特定于任务的向量，即所谓的"前缀"。这些前缀向量被添加到输入序列的前端，并通过与原始输入相同的 Transformer 架构进行处理。其核心思想是这些前缀向量可以封装特定于任务的信息，有效地引导模型生成更适合当前任务的输出。由于仅优化前缀向量而非整个模型的参数集，因此前缀调优往往比全模型微调在计算上更高效。

前缀调优基于这样一个观察：在预训练模型中，即便是微小的输入变化也能引导模型输出显著不同的结果。通过向模型输入序列的前端添加特定的前缀向量，在不改变模型主体参数的情况下，为模型提供关于特定任务的上下文信息，从而实现对模型行为的精细控制。

在实际应用中，前缀调优用于多种自然语言处理任务，如文本生成、情感分析、问答系统等。通过为不同的任务设计和优化独特的前缀向量，模型能够在不同的任务之间灵活切换，展现出良好的任务适应性。

使用前缀调优进行大模型参数微调，如图 7-2 所示。

相对于传统的全模型微调方法，前缀调优具有多方面的优势。

- 计算效率高：由于只有少量的前缀向量需要优化，因此前缀调优大大减少了训练过程中的计算负担，使模型调整变得更加高效。

- 泛化效果好：前缀调优避免了对整个模型参数的重复优化，有助于降低过拟合的风险，提高模型的泛化能力。

- 可扩展性强：前缀调优为模型提供了一种灵活的任务适应机制，通过简单更换前缀向量，模型即可适应不同的任务，增强了模型的可扩展性。

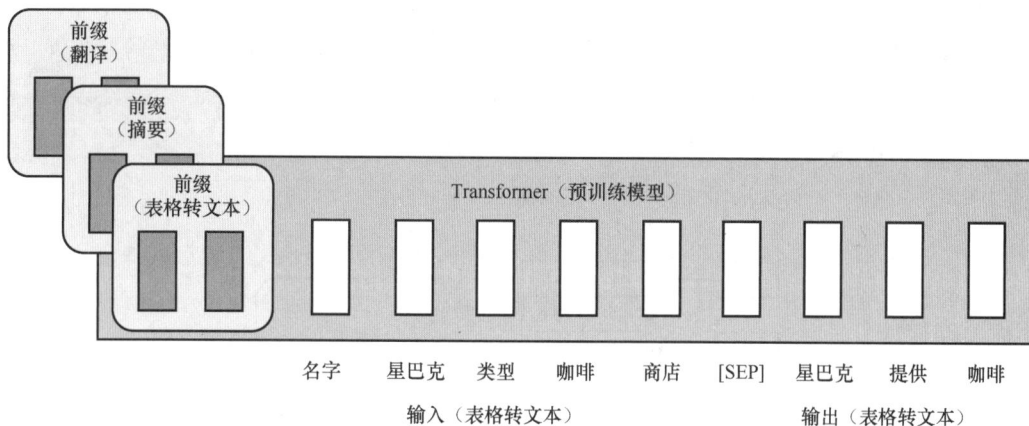

▲图 7-2 使用前缀调优进行大模型参数微调（仅优化前缀）

尽管前缀调优在多个方面展现出优势，但是在实际应用中它面临一些挑战，例如，如何设计有效的前缀向量，如何平衡前缀向量的维度和模型性能之间的关系。此外，对于一些特别复杂的任务，单纯的前缀调优可能无法完全捕捉任务的所有复杂性，需要与其他微调技术结合使用以达到更好的效果。

作为大模型时代的一种创新算法设计方法，前缀调优为高效利用预训练语言模型提供了新的思路。它不仅提高了模型微调的计算效率和参数优化效率，还为增加模型的任务适应性和灵活性开辟了新途径。随着人工智能技术的不断发展，前缀调优及其相关研究将为算法设计师提供更多工具和方法，帮助他们更好地解决实际问题。

7.2.3 提示调优

在大模型微调方法中，作为一种简单而有效的技术，提示调优通过学习"软提示"调整"冻结"的语言模型，以执行特定的下游任务。它通过反向传播学习，并可以调整以纳入任意数量的标记示例的信号。在这种方法中，一个固定的提示会在训练期间被添加到每个输入序列之前。这个提示中的标记被视为可训练的参数，会与模型的其他部分一起被优化。这种方法的思想是，提示可以指导模型对特定任务的行为。

提示调优体现了在算法设计中如何通过创新思维解决大模型适应性的问题。通过引入软提示，算法设计师能够在不改变模型底层架构的前提下，通过少量的调整使模型适应新的任务。这种方法不仅保留了预训练模型本身的强大能力，还增加了预训练模型的灵活性和准确性。

使用提示调优进行大模型微调，如图 7-3 所示。与传统的全模型微调相比，提示调优因只需优化少量参数而在计算效率上具有明显优势。这使模型能够在较短的时间内适应特定任务，大大减少了训练所需的计算资源，降低了时间成本。

提示调优通过在模型输入中引入软提示，为模型提供了执行特定任务所需的额外信息。这些可训练的提示标记能够有效地引导模型生成更适合任务需求的输出，提高模型处理各种任务的性能。

尽管提示调优展现了在算法设计中的优势,但是在实际应用中它仍然面临一些挑战,例如,如何有效设计提示以提升模型性能,如何平衡提示长度和模型性能之间的关系等。此外,对于一些特别复杂的任务,单纯的提示调优可能无法完全捕获任务的所有复杂性,需要结合其他微调技术以达到更好的效果。

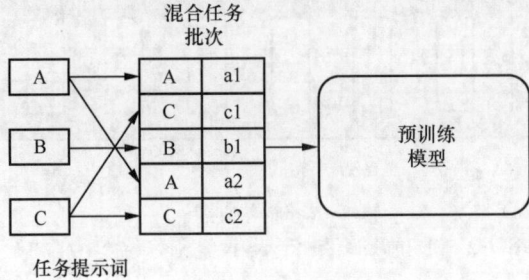

▲图 7-3　使用提示调优进行大模型微调

随着人工智能技术的快速发展,作为一种有效的微调技术,提示调优未来可能会与其他微调技术(如前缀调优等)结合,形成更复杂和高效的模型优化方法。探索如何利用提示调优微调模型,使其能处理更广泛的任务,以及如何进一步提高模型的计算效率和适应性,将是算法设计领域中的重要研究方向。

7.2.4　P 调优

作为一种能够自主生成模板以使语言模型处理特定任务的技术,P 调优展现了优化预训练模型和提升任务适应性的新思路。它利用"[unused]*"标记作为连续提示,并使用带注释的数据对模型进行微调。这种方法通常能够达到甚至超越传统微调方法的性能,且所需训练的参数更少。作为一种改进的变体,P 调优 v2(P-tuning v2)将连续提示的使用扩展到预训练模型的每一层,使其对自然语言理解任务更加适应。

P 调优通过自主生成模板的方式,为语言模型解决特定任务提供了一种新的途径。这种策略使模型能够更灵活地适应不同的任务需求,而不是简单地依赖预定义的输入格式,从而提高模型的泛化能力和应用范围。

通过将"[unused]*"标记作为连续提示并进行微调,P 调优能够有效地将任务特定的信号整合到模型中。这种方法不仅减少了模型训练的参数量,还提高了模型训练的效率和模型的性能。

使用 P 调优 v2 进行大模型微调,如图 7-4 所示。P 调优 v2 通过在模型的每一层引入连续提示,进一步增强了模型对复杂自然语言理解任务的适应能力。这种深层次的优化使 P 调优 v2 在多个自然语言处理任务上表现出色,包括但不限于情感分析、文本分类、问答系统等。

尽管 P 调优展现出了强大的性能,但是在实际应用中它仍面临一些挑战,例如,有效设计和生成适应不同任务的模板,平衡模型的性能和计算资源消耗量等。此外,对于一些极端复杂的任务,P 调优可能需要与其他算法或模型结合使用以达到更好的效果。

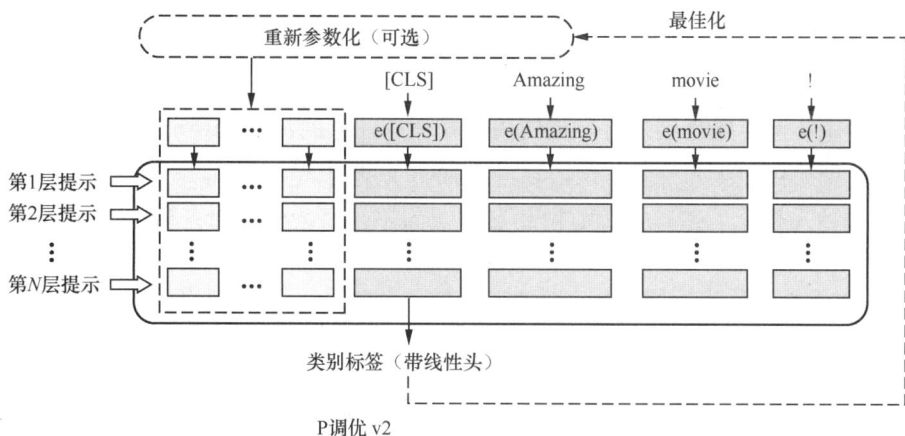

▲图 7-4　使用 P 调优 v2 进行大模型微调

7.3　算法优化技巧

在人工智能和机器学习领域，优化算法是提升模型性能的关键。本节重点介绍算法优化技巧，旨在提高模型训练的效率和模型的性能，同时降低计算成本。本节涵盖了从基本的优化策略到先进的调优技术，提供了一系列提升模型训练效果的方法和技巧。

7.3.1　模型简化和压缩

在机器学习的快速发展过程中，模型的规模和复杂度不断增加，使模型训练和部署面临巨大的挑战，尤其是在资源受限的环境中。为了解决这一问题，模型简化和压缩技术应运而生。该技术旨在减少模型的参数量和计算量，同时尽可能保持模型的性能。本小节将深入探讨模型简化和压缩的常见技术，以及这些技术的应用和优化策略。

网络剪枝是一种通过移除神经网络中的冗余参数（如权重接近零的神经元）来减小模型和降低计算复杂度的技术。剪枝技术主要分为如下两类。

- 结构化剪枝：按照网络的结构（如通道、层等），进行剪枝，易于从硬件层面实现优化。
- 非结构化剪枝：随机或基于某种标准移除单个权重，尽管可能导致不规则的内存访问模式，但是剪枝粒度更细。

参数量化涉及将模型中的权重和激活函数从浮点数格式转换为低精度的格式（如二进制或三进制格式），以降低模型的存储需求并加快推理过程。参数量化不仅可以显著减小模型，还可以利用硬件（如低精度计算单元）加快推理过程。参数量化主要分为如下两类。

- 均匀量化：将权重均匀映射到固定数量的量化级别。
- 非均匀量化：根据权重分布的特性，自适应调整量化级别。

知识蒸馏是一种将大模型（教师模型）的知识转移到小模型（学生模型）的技术。通过训练小模型模仿大模型的输出，学生模型可以在保持较小模型规模的同时，获得接近大模型的性能。知识蒸馏主要分为如下两类。

- 软标签蒸馏：使用大模型输出的软标签（概率分布）作为目标，而不是硬标签（真实标签）。
- 特征蒸馏：除了输出层之外，还使用大模型中间层的特征指导小模型的训练。

在应用模型简化和压缩技术时，可以考虑如下关键的优化策略。

- 迭代剪枝与量化：逐步进行剪枝与量化，而不是一次性操作，可以更好地保持模型的性能。
- 量化感知训练：在训练过程中引入量化操作，使模型适应低精度表示。
- 蒸馏策略的选择：选择合适的蒸馏目标和损失函数，以优化学生模型的学习效果。

模型简化和压缩技术为在资源受限的环境中部署高效、强大的模型提供了可行的解决方案。通过网络剪枝、参数量化和知识蒸馏等技术，可以显著减少模型的参数和降低计算量，加快训练速度，同时保持甚至提升模型的性能。随着深度学习技术的不断进步，模型简化和压缩技术仍有广阔的研究空间和应用前景，未来将出现更多创新的方法和技术。

7.3.2 高效的训练策略

在深度学习模型的训练过程中，提高训练效率不仅可以节省宝贵的时间和计算资源，还能提升模型的性能。为了达到这一目的，采用高效的训练策略至关重要。本小节将详细介绍一系列提高训练效率的策略，包括动态学习率调整、批量大小选择以及早停法等。这些策略能够通过调整训练过程的参数，加速模型的收敛，同时避免过拟合。

学习率是影响模型训练效率和效果的关键超参数之一。动态学习率调整是一种在训练过程中根据模型的性能自动调整学习率的策略，用于在训练过程的不同阶段优化学习率，加快模型的收敛速度并提高模型的性能。动态学习率调整包括如下方面。

- 学习率衰减：随着训练的进行，逐渐减小学习率，如采用指数衰减、阶梯衰减等方式。
- 循环学习率：学习率按周期变化，可以避免局部最小值并加快模型的收敛速度。
- 自适应学习率调整：根据模型的训练反馈（如在验证数据集上的性能改善），动态调整学习率。

批量大小（batch size）是指每次迭代训练所用的数据量。批量大小选择对模型的训练效率和收敛速度有重要影响。

使用较大的批量可以提高内存利用率和计算效率，但可能需要更多的内存资源，且可能导致模型不能收敛到局部最优值。

使用较小的批量有助于模型更频繁地更新，加快收敛速度，但计算效率较低。

根据训练过程的不同阶段，调整批量大小，结合大批量和小批量的优势。

早停法是一种防止模型过拟合的技术，通过监控验证数据集的性能决定何时停止训练。如果验证数据集的性能在连续多个训练周期内没有显著改善，则提前终止训练。早停法的步骤如下。

（1）设置"耐心"参数：定义模型性能不再提升时的容忍周期数，若超过该值，则停止训练。

（2）保存最佳模型：在训练过程中保存性能最佳的模型，即使训练提前终止，也能确保获得最佳结果。

采用动态学习率调整、批量大小选择、早停法等高效的训练策略,可以显著提高深度学习模型的训练效率和最终性能。同时,结合自适应优化器和超参数搜索等技术,可以进一步优化训练过程,加快模型的收敛速度,避免过拟合。随着深度学习技术的持续发展,更多先进的训练策略将不断涌现,为模型训练提供更多可能。

7.3.3　超参数调优

超参数是在训练过程开始之前设置的参数。与模型参数不同,超参数是通过训练数据自动学习的。诸如学习率、批量大小、正则化强度等,都是典型的超参数。正确调优这些超参数不仅可以提升模型的准确性,还能加快模型的收敛速度,节省宝贵的训练时间和计算资源。超参数调优的常用方法如下。

- 网格搜索(grid search):一种穷举搜索方法,通过遍历预定义的超参数组合列表找到最佳配置。尽管这种方法简单直观,但是当超参数空间较大时,计算成本可能会非常高。
- 随机搜索(random search):在超参数空间中随机选择配置,这种方法在超参数空间较大时往往更加高效,尤其是当某些超参数对模型性能的影响较小时。
- 贝叶斯优化(Bayesian optimization):一种基于贝叶斯理论的高效全局优化方法,它通过构建超参数空间的概率模型,预测每组超参数配置的性能,从而在尽可能少的尝试中找到最优配置。

交叉验证是评估模型泛化能力的一种技术,它通过将训练数据分成多个小子集,反复训练和验证模型,确保对模型性能的评估是准确和稳定的。在超参数调优过程中,结合交叉验证可以有效避免过拟合,确保找到的超参数配置不仅在训练数据集上表现良好,而且在新的数据上能保持稳定的性能。

尽管超参数调优对提升模型性能至关重要,但是它在实际操作中面临一些挑战。首先,优化过程可能非常耗时,特别是在针对大数据集和复杂模型的情况下。其次,超参数空间的高维性和非凸特性使寻找全局最优解成为一项挑战。最后,如何平衡探索(尝试新的超参数配置)与利用(基于当前已知的最佳超参数配置)之间的关系,是超参数调优过程中需要考虑的问题。

7.3.4　算法并行化和分布式训练

算法并行化和分布式训练是提高大规模机器学习模型训练效率的关键技术。它们通过在多个处理器或计算节点上同时执行计算任务,显著加快训练过程。下面详细介绍这两种技术的具体实施策略。

算法并行化主要分为任务并行和数据并行两种形式。

任务并行指的是将不同的任务分配给不同的处理器或计算节点。任务并行的实施策略是识别算法或程序中可以独立执行的部分,将这些部分分配给不同的线程或进程。例如,在深度学习中,神经网络中不同层的前向传播和反向传播可以在不同的处理器或计算节点上并行执行。

任务并行的优化技巧包括使用线程池来管理任务并行,降低线程创建和销毁的开销;合理划分任务，确保每个处理器或计算节点的负载均衡。

数据并行指的是同一个任务在不同的数据子集上并行执行。

数据并行的实施策略是将训练数据分割成多个批次，每个处理器或计算节点处理一部分数据。在深度学习模型的训练中，这意味着每个处理器或计算节点计算部分梯度，然后通过某种方式（如参数服务器或全局归约操作）合并这些梯度。

数据并行的优化技巧包括优化数据分割和分配策略、缩短数据传输时间和使用高效的通信机制同步不同节点间的梯度或模型参数。

分布式训练是指在多个计算节点上执行训练任务的过程，它允许模型利用更多的计算资源，从而处理更大的数据集和更复杂的模型。

参数服务器（parameter server）是一种常用的分布式训练架构，其中一些节点作为"参数服务器"负责维护模型参数，其他节点作为工作节点负责计算梯度。

参数服务器的实施策略是使用工作节点在本地数据上计算梯度，将梯度发送给参数服务器。参数服务器更新模型参数，并将更新后的参数发送回工作节点。

参数服务器的优化技巧是采用异步更新提高训练效率，但要注意可能引入的不一致问题。同时，使用稀疏更新和梯度压缩技术可以降低通信开销。

全局归约是分布式训练中的一种梯度聚合技术，也可用于数据并行。

全局归约的实施策略是每个节点计算得到梯度后，通过全局归约操作跨所有节点聚合梯度。每个节点都获得完整的梯度和，然后独立更新自己的模型副本。

全局归约的优化技巧是采用分层全局归约或环形全局归约策略优化梯度聚合的通信开销。

全局归约操作通过算法并行化和分布式训练充分利用现代计算资源，为处理大规模机器学习任务提供有力的支持。使用合理的并行化策略和分布式训练框架，可以显著加快模型的训练过程，使训练更大、更复杂的模型成为可能。随着算法并行化和分布式训练技术的不断进步，未来将有更多创新的技术。

总而言之，算法优化是提升大模型训练效率和性能的关键环节。通过应用本节介绍的技巧和策略，开发人员与研究人员可以更有效地设计和训练模型，提升模型的性能。随着人工智能技术的不断发展，在算法优化领域将持续涌现新的技术和方法。

7.4 小结

本章系统梳理了小模型场景下的算法设计，以及如何通过微调方法使预训练模型适应特定任务或数据集。此外，本章还介绍了算法优化技巧。通过对本章的学习，读者可以了解如何有效地设计、优化和实施智能系统算法。

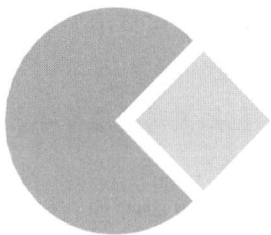

第 8 章　智能系统开发、部署和运维

根据智能系统的需求分析和架构设计，确定系统中智能体的数据标准、模型算法和算力编排后，后续的工作就是以软件、数据、模型、设备等形式来落实智能系统的开发、部署和运维。本章将从智能体构件设计（agent component design）、系统开发环境（system development environment）搭建、系统测试与质量保证（system testing and quality assurance）、部署与交付（deployment and delivery）、系统运维（system operation and maintenance）与系统优化（system optimization）等阶段性工作入手，帮助读者解决在业务场景、性能、安全性、升级等方面存在的问题。

8.1　智能体构件设计

系统的需求和架构确定之后，如何运用模型、数据、算力、软件模块、流程和交互逻辑实现系统？这需要进一步的系统设计，将业务逻辑和约束要求转换为各类智能的或非智能的软硬件构件，通过封装实现相应粒度的业务目标，通过接口交互让构件或人员在各种业务场景中协作并实现业务价值。

图 8-1 展示了智能体构件设计流程。从智能体的业务价值定位出发，分析智能体所服务的业务目标，确定它在系统中的业务功能，选配与它协作的系统功能性和非功能性构件，通过对其数据流格式、流量、安全等方面的审查，发现智能体与伙伴构件之间所缺失的连接件与适配要求，设计与之匹配的接口、协议，将智能体包装成符合系统规范的业务构件，并设计必要的连接件。

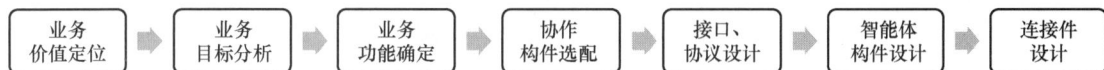

业务价值定位 ➡ 业务目标分析 ➡ 业务功能确定 ➡ 协作构件选配 ➡ 接口、协议设计 ➡ 智能体构件设计 ➡ 连接件设计

▲图 8-1　智能体构件设计流程

在开展智能体构件设计时，要特别重视以下几个方面。

- 功能规约：定义智能体构件的功能和任务职责。明确智能体构件需要完成的具体功能，例如分类、预测、推荐等，并描述功能的约束条件。
- 接口规约：定义智能体构件与其他构件或系统的接口规范，包括输入接口和输出接口的数据格式、通信协议等，以确保与其他构件的正确交互。

- 安全与隐私规约：明确智能体构件对数据安全和隐私保护要求。在设计过程中采取包括数据加密、访问控制、身份认证等安全措施，以及对敏感数据的保护措施。
- 可靠性与容错规约：定义智能体构件的可靠性要求和容错机制，包括错误处理、异常处理、故障恢复等，以保证智能体构件在异常情况下的稳定性和可靠性。

与常规构件设计类似，智能体构件设计还需要考虑用户界面、可扩展性、可维护性和优化能力等方面的规约。此外，我们要特别重视智能体逻辑的不透明性和不可解释性带来的安全与隐私规约，防范相关的风险，要充分利用智能体对性能调优、用户个性化的自我感知和自适应能力，提高系统的演进效率。

8.1.1 智能体构件的职责规约

智能体构件要在智能系统中协同地发挥作用，一个前提就是能够满足自身的功能性、非功能性要求。我们应该在系统架构约定下，明确构件要实现哪些功能、达到什么要求。以下是关于智能体构件的职责规约。

- 决策支持。智能体构件能够运用机器学习、规则引擎或其他智能算法，对数据进行分析，提供预测、推荐、分类、聚类等功能，帮助用户做出更明智的选择。
- 自主行动。根据分析结果，智能体能够自主执行任务，如自动回复、调整系统设置、执行交易等。
- 用户交互。智能体构件需要具备友好的用户界面，使用户能够轻松与它进行交互，并能够理解和响应用户的自然语言输入。
- 业务逻辑执行。智能体构件要实现业务规则和流程，其行为要符合业务需求和标准。在执行任务时，智能体能够处理异常情况，并做出适当的响应。
- 安全与合规。智能体在处理数据和执行任务时要遵守相关的安全标准与法律法规，并实施数据加密、访问控制等安全措施，保护用户数据和隐私。
- 反馈与学习。智能体构件能够收集用户反馈和系统日志，利用反馈信息进行持续学习，不断提升自身的性能。

在设计智能体构件的过程中，我们可以从业务用例出发来构造设计用例，再结合非业务的职责要求，根据体系结构，拆解、设计智能体构件的职责、形态和接口要求。

【例 8-1】 业务用例"学生课堂情绪预警管理"通过对应的活动过程，实时识别学生的姿态、人脸、表情等，将课堂上异常的学生情绪数据记录并展示出来，及时地向教师预警，或者与课程知识点建立关联。这种管理在业务层面分为实时感知、实时展示与警告、知识点关联这3 个业务功能。前两个功能要求直接在课堂管理界面上以状态栏总结、详情查看、悬停/弹出框警告的形式展现，后一个功能要求记录相关的人员、时间、地点、同步板书/幻灯片信息以便后续的课程知识点关联分析。

在设计时，可以将这 3 个业务功能以及相关的动态数据采集、分析、存储、交互功能分别设计为相对独立的构件，通过接口连接形成完整的业务能力，部署到架构中对应的位置。

在这个业务用例中，使用图 8-2 所示的构件，将实现业务感知、展示和告警等交互功能所需的数据采集、处理、存储封装在数据层，将模型识别、判断封装在模型层，将预警控制策略、学生情绪数据和知识点关联功能封装在控制层，建立数据采集→模型处理→决策控制→结果展示这一从下至上的业务数据处理流程。

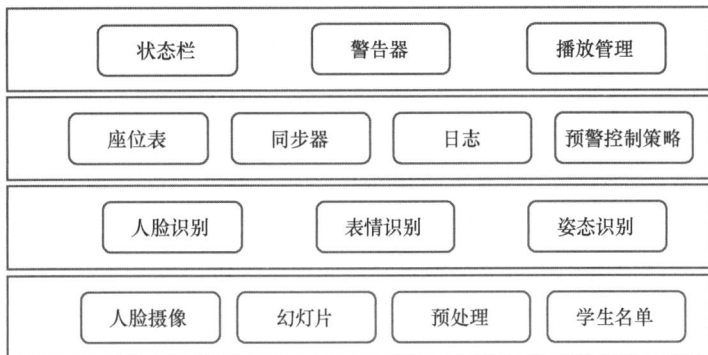

▲图 8-2 业务用例"学生课堂情绪预警管理"的构件

部分构件的职责如表 8-1 所示。

表 8-1　　　　业务用例"学生课堂情绪预警管理"中部分构件的职责

层　次	路径编码	构　件	职　责
展示层	CLS_EMOTN. PRES.STSBAR	状态栏	在状态栏以图标、数值、颜色、闪烁等方式展示当前的学生课堂情绪总体状态，提供查看详情的方式
	CLS_EMOTN. PRES.WARNING	警告器	当出现需要教师注意的学生异常情绪时，以适当的方式通知教师，支持教师查看警告详情
	CLS_EMOTN. PRES.PLAYER	播放管理	控制幻灯片的播放，与同步器的时间同步
控制层	CLS_EMOTN. CTL.SEATCHART	座位表	建立视频图像中学生与座位的对应关系。当出现警告时，提供相关学生的座位
	CLS_EMOTN. CTL.SYN	同步器	使实时视频图像、播放内容之间的同步，提供相关的检索、控制能力
	CLS_EMOTN. CTL.LOG	日志	导出视频图像、播放内容等要素的同步摘要信息
模型层	CLS_EMOTN. MDL.FACE_RECOG	人脸识别	根据视频图像实时识别人脸，关联对应的学生信息，供座位表、表情识别、姿态识别等构件使用
数据层	CLS_EMOTN. DATA.FACE_RECRD	人脸摄像	连接摄像机，获取实时视频图像

8.1.2 智能体构件的数据实现

为了确保智能体构件能够有效地收集、处理和利用数据，实现预定的功能，有必要对智能体构件的数据格式、处理逻辑和数据利用进行设计。

依据智能系统的系统架构，在设计数据时，需要关注以下方面的内容。

- 数据采集。数据大多通过传感器、API、日志文件、用户输入等方式采集。在数据设计时要特别考虑数据的专用性，这可以提高设计效率。

- 数据预处理。数据预处理方式包括数据清洗（如去除噪声和异常值）、数据转换（如归一化、编码）、数据集成（如合并不同来源的数据）和数据缩减（如抽样、降维）。智能体构件的数据预处理特别强调满足模型、特征工程模块的接口适配要求。

- 数据挖掘。针对具体的业务目标、业务问题，应用统计学、机器学习、深度学习、自然语言处理等方法发现数据的模式、趋势和关联。

- 实时数据处理。可以使用流处理技术（如 Apache Kafka 和 Apache Flink）处理实时数据流；也可以使用一些高效的在线模型满足智能体构件的实时数据处理要求；对于小型的智能体构件，还可以采用批处理模型来模拟实现。

- 数据可视化。通过图表、仪表盘等工具将数据转换为直观的视觉表示，帮助用户理解数据和数据分析结果。这与常规的数据可视化相似，但会在数据可视化本身的设计上引入智能能力，以提供更佳的用户体验。

- 数据安全和隐私保护。智能体构件的数据处理通常涉及用户和业务的敏感信息，在设计上要确保数据在存储、处理和传输过程中的安全性，遵守相关法律法规。例如，采用数据加密、访问控制、安全审计和监控、差分隐私、联邦学习、安全多方计算等方法。要在系统与构件设计之初就将隐私保护作为核心考虑，遵循最小化、明确目的、用户控制等原则。

- 与云端边架构相适应的存储与计算设计。对于大型的智能系统，可以使用分布式文件系统（如 HDFS）与非关系数据库来存储和管理大规模的数据集。可以利用分布式计算框架（如 Hadoop 和 Spark）来并行处理大规模数据集。此外，要充分利用云服务提供的数据存储、计算资源和分析工具，实现弹性扩展和按需付费。同时，尽量在数据产生的源头（如物联网设备）进行数据处理，减少数据传输次数并减小延迟。

总的来说，对于智能体构件的数据实现，可以借鉴常规系统构件和大数据系统的处理技术和手段，也要强调智能体构件的领域专用性、处理实时性和数据安全性。

8.1.3 智能体构件的业务流转接口实现

智能体构件为部分业务环节的承担模块，它必须与其他业务模块连接，才能构成完整的业务流程。因此，要完成对智能体构件的业务流转接口实现。

在图 8-3 所示的智能体构件的业务流转接口中，智能体构件是智能能力的主要承担模块，它从上游业务构件的流转出口获取业务流程中上游环节产生的业务状态数据，经过智能模型的处理，转化为业务决策，通过（决策转换器）的流转出口提供给下游业务构件。如果智能体不能直接处理上游的业务状态数据，则还需要增设模型适配器，以便有针对性地将业务状态数据转换为模型可用的特征数据。同样地，为了扩大模型决策的使用范围，可以针对上游业务构件的需求约束，增设决策转换器，通过端口分组，通过接口传递给相应构件。

智能体构件的业务流转接口（business flow interface）设计是确保智能体能够有效地与外部系统或用户交互的关键。在设计智能体构件的业务流转接口时，需要综合考虑技术实现、用户体验、业务需求和安全合规等方面，满足接口、数据交换、错误处理、认证、授权、性能、维护、监控、日志等方面的要求，确保接口的高效性、安全性和易用性。

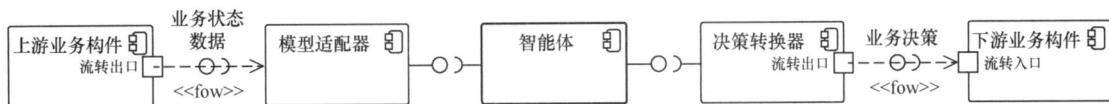

▲图 8-3　智能体构件的业务流转接口

具体的业务环节流转实现可以采用智能体工作流表达式语言（Agentic Workflow Expression Language，AWEL）、工作流管理系统（WorkFlow Management System，WFMS）、事件驱动架构（Event-Driven Architecture，EDA）、业务流程管理（Business Process Management，BPM）、规则引擎（rule engine）、状态机（state machine）和流程图（flow chart）、面向服务的体系结构（Service-Oriented Architecture，SOA）、API 和微服务（microservice）、容器化（containerization）和编排（orchestration）等技术手段。

8.1.4　智能体构件的交互实现

智能体构件与用户的交互形式多种多样，可以根据交互的媒介、方式和场景进行分类。一些常见的交互形式有语音交互、触摸交互、视觉交互。

这些交互形式可以根据智能体的设计目标和应用场景进行选择与组合，以提供更好的用户体验。随着技术的发展，新的交互形式（如脑机接口等）也在不断涌现。我们要强调手段的实用性，如多模态与多形态、自动化与个性化。可以结合视觉、听觉、触觉等感官输入，提供更丰富的交互体验。例如，通过摄像头进行视觉识别，通过传声器进行声音识别。可以采用状态栏、对话框、语音等直观的形式进行交互。要尽可能地满足模板化自动生成、个性化交互偏好、数据粒度、数据深度和实时性等方面的要求。

一个以脑机接口为主且融合了多种形式的交互场景如图 8-4 所示。用户通过脑机接口或者语音、手势向智能体发出指令，智能体通过图形用户界面、语音反馈、增强现实等方式做出响应，为用户提供更好的体验。

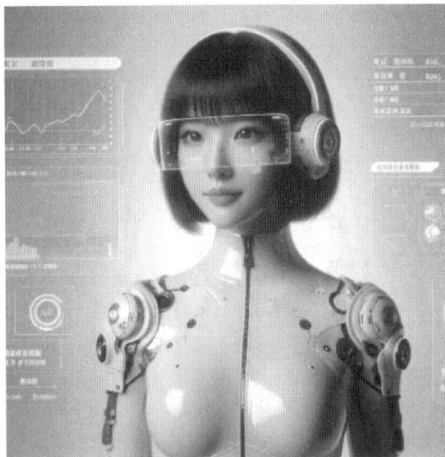

▲图 8-4　融合了多种形式的交互场景

8.2 系统开发环境搭建工具

俗话说，"工欲善其事，必先利其器"。易于学习、操作便捷、功能强大、部署方便的开发工具、框架和环境，是高效进行智能系统开发的重要前提。下面将简要地介绍一些常见的工具，读者在实践中可自行选择、组合。

8.2.1 数据处理工具和框架

以下是一些常用的工具和框架，它们可以用来开发、实现、评估智能体构件的数据处理能力。

- 数据分析工具：如 Python 中的 pandas、NumPy 和 scikit-learn 等，用于数据清洗、探索性数据分析和模型训练等。
- 可视化工具：如 Tableau、Power BI 等，用于可视化数据，帮助理解和发现数据的模式和趋势。
- 机器学习框架：如 TensorFlow、PyTorch 和 Keras 等，用于实现和训练各种机器学习模型（如神经网络、决策树、支持向量机等）。
- 自然语言处理工具：如 NLTK、spaCy 和 Stanford NLP 等，用于处理和分析文本数据。
- 图像处理工具：如 OpenCV、PIL 和 scikit-image 等，用于图像的处理、特征提取和图像识别等。
- 数据挖掘工具：如 RapidMiner、Weka 和 Orange 等，用于数据分析、特征选择、模型评估等。
- 人工智能伦理和合规框架：如 Ethical AI Toolkit、AI Fairness 360 等，用于评估和管理人工智能应用中的伦理和合规问题。
- 商务智能工具：如 SAP BusinessObjects、Power BI 等，用于分析和可视化业务数据，支持决策制定。

8.2.2 智能报告工具

市场上存在多种成熟的智能报告工具，这些工具通常提供全面的商务智能解决方案，包括数据集成、报告设计、分析和协作功能。国外的智能报告工具包括 Tableau、Power BI、QlikView、Qlik Sense、SAP BusinessObjects、Oracle Business Intelligence、Google Data Studio。国内的智能报告工具包括 VeryReport（非常报表）、Smartbi 等。国内的智能报告工具通常提供中文界面和本地化支持，更适合国内企业的需求。在选择智能报告工具时，应考虑企业的具体需求、预算、数据源类型以及工具与现有系统的兼容性。

8.2.3 开发工具

智能体构件的开发工具通常包括一系列用于设计、构建、训练和部署智能体的平台和框架。这些工具可以帮助开发者利用人工智能技术（如机器学习、自然语言处理等）创建能够执行特定任务的智能体。一些流行的智能体构件开发工具包括百度 AI 开放平台、ModelArts、Gnomic 智能体平台、AutoGen、Microsoft Bot Framework、DB-GPT、Rasa、Dialogflow、IBM watsonx Assistant、ChatGPT、DataLab。其中 DataLab 是广州市轩辕研究院开发的智能系统 IDE，通过大量开源的和自主研发的人工智能模型、框架、数据集和领域案例，支持科学计算和智慧教育等场景下的智能体开发所需的算法设计、编码与模型训练、部署等工作。

这些工具提供了从数据准备、模型训练到部署的全流程支持，使开发者能够更容易地开发出满足特定需求的智能体。当然，传统的 Visual Studio、PyCharm、Jupyter Notebook、Eclipse、IntelliJ IDEA、RStudio、Google Colab、Visual Studio Code 等 IDE 也可以提供智能体开发及插件支持。在选择合适的工具时，开发者应考虑项目的具体需求、技术栈兼容性、成本以及社区支持等因素。

8.3 系统测试与质量保证

对于智能系统，系统测试与质量保证的目的是确保它满足预定的性能标准、功能要求和用户期望，涉及功能验证、性能评估、缺陷发现、风险管理等方面。其主要的测试形式和质量保证内容与常规系统的系统测试与质量保证类似，可通过单元测试（unit testing）、集成测试（integration testing）、系统测试（system testing）、验收测试（acceptance testing）等形式对质量进行评估。

大致的测试流程包含理解需求、定义测试目标、确定测试策略、进行资源规划、搭建测试环境、设计测试用例、评估风险、设立时间表和里程碑、制订缺陷管理计划、确定沟通计划、培训和指导、执行并监控测试活动、执行回归测试、生成测试报告和总结等环节。

8.3.1 智能系统质量要素的独特性

从质量要素的角度来看，智能系统的系统测试与质量保证的内容和手段因为智能体的模型复杂性、数据依赖性、泛化能力、伦理和合规性等挑战而有着自身的特点。在系统测试与质量保证中，需要特别重视智能体的可解释性、透明度、数据依赖性、泛化能力、伦理和合规性，以及多智能体系统的复杂性、动态性和自适应行为特性，要关注测试的实时性、精度和质量度量的困难性。

以上述内容作为切入点，采用新的测试方法、工具和技术，如自动化测试、人工智能辅助测试、模型验证技术，以及持续集成和持续部署实践，制订质量保证计划，进行测试环境和用例设计、代码编写与执行、质量评估报告生成与系统优化等全生命周期的管理。此外，跨学科合作和对智能体行为的深入理解也是提升系统测试与质量保证效果的途径。

8.3.2 测试需求管理

为了应对智能系统中存在的质量风险和挑战，我们要明确系统测试与质量保证的需求，积极地从系统分析、设计、编码、运行等过程中寻找线索、设立指标、规划措施、落实执行并评估、优化，形成完整的测试需求管理周期，包括需求收集、需求规格化、需求跟踪、需求优先级设置、需求变更管理等阶段。

我们要在测试中不断地总结和改进。在测试周期结束时，总结测试经验，识别改进点，从而为未来的测试需求和测试活动提供参考；要建立起面向测试需求的全面管理体系，包括质量度量和反馈、合规性和标准化、测试自动化、持续集成和持续部署、质量保证流程、跨学科/团队合作、质量保证工具和资源管理等方面的内容。

另外，我们要特别重视智能系统特有的数据质量保证、模型可解释性和透明度、测试用例的多样性和覆盖率、安全性和隐私保护、对抗性测试等方面的要求。

我们以图 8-5 所示的 W 模型为参照，可以在系统建设的各个阶段了解和满足测试需求。智能系统的测试工作需要跨学科的知识和技能，包括软件工程、数据科学、用户体验设计和安全等方面的专业知识和技能。通过综合考虑这些方面，确保智能系统的质量和可靠性。

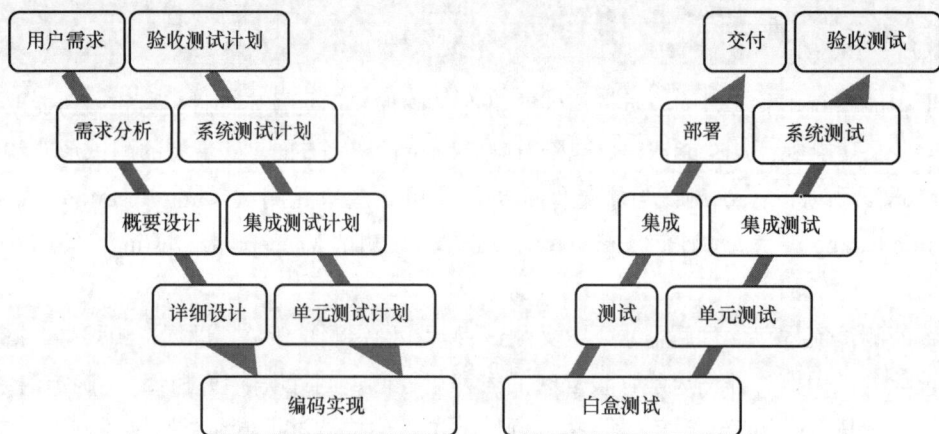

▲图 8-5　W 模型

当用户提出需求时，系统的开发者就可以根据用户需求确定验收测试的目标和制订验收测试计划。在这个阶段可以粗略地设定系统测试与质量保证中的关键点和重要指标。在等待交付时，开展验收测试并评估结果。

当完成需求分析并且获得详细的系统需求时，我们可以依据需求说明书开展系统测试的需求分析和制订测试规划。等待系统部署完成后，开展系统测试，确认测试与质量保证需求的满足性。要重点检查模型的可解释性、透明度、数据依赖性、自适应性、自学习性、动态性和智能系统的非功能特性，如鲁棒性、效率、安全性等。对于系统的某些质量要求，要注意度量上的精度把握。智能系统通常在一个精度范围内运行，而不是追求绝对的正确性。这与常规系统的系统测试与质量保证原则和方法的假设相悖，即系统默认应该是正确的。

当系统的概要设计完成后，我们可以针对系统的体系结构和构件的接口要求确定相关的测试需求和制订集成测试计划，包括接口功能、安全性、兼容性、稳定性、数据一致性等方面。要重点确保数据传递中的合规性、数据依赖性、自适应性和自学习性等要求的落实。测试内容需要结合智能系统的具体应用场景和技术实现来设计与执行。

当系统的详细设计方案确定以后,我们可以针对构件的具体实现逻辑进行测试的需求提取和单元测试计划的制订。要特别关注智能系统在持续集成和持续部署演化过程中的长期稳定性、跨领域适应性、用户交互和体验等方面的表现。

当系统构件的编码实现完成以后,我们可以采用白盒测试或黑盒测试方法,对代码的实现效果进行测试。其中包括常规的代码质量、接口一致性、异常和错误处理、性能优化、安全性等方面的检查。要重点关注智能体的可解释性、数据格式、数据安全等方面的内容。

8.3.3　测试方案生成

从系统的业务需求、设计等方案中提取测试的对象和测试需求后,我们需要将其转换为可以落实的测试方案。

1.　测试策略与准则

相对于将逻辑处理代码固定化的传统系统,智能系统具有可解释性有限、高度依赖数据集、决策概率化和自适应演化的特点,需要使用一些特别的测试策略与准则,确保针对智能系统的测试高效、安全地开展。通常可用的测试策略与准则包括分层测试策略、充分测试原则、针对异常和边界条件进行测试、多进行可解释性和透明度测试、多用数据驱动测试的方式、重视安全性测试、重视用户体验测试、多采用自动化和智能化的测试技术、坚持持续集成和持续部署等。

这些测试策略与准则反映了智能系统测试的复杂性和挑战性,需要测试团队具备相应的专业知识和技能。在实际应用中,可能还需要根据智能系统的具体特性和业务需求调整和补充。例如,对于自动驾驶系统,安全性测试和可靠性测试尤为重要;而对于推荐系统,性能测试和用户体验测试更关键。

2.　测试用例设计与生成

在设计智能系统的测试用例时,要检查并记录测试用例与测试需求以及测试用例之间的关联,保证测试用例的可追溯性;要考虑智能系统可能涉及的特定领域(如机器学习、自然语言处理等)知识,以及可能面临的特殊挑战(如模型可解释性、数据依赖性等)。此外,智能系统的测试用例应具有一定的灵活性,以适应快速变化的技术和业务需求。

智能系统的测试用例生成方法通常涉及自动化技术和算法,以提高测试效率和覆盖率。可以从模型特性、数据驱动特性入手设计、生成测试用例。智能系统测试用例生成方法的选择取决于系统的复杂性、测试目标和可用资源。可以使用一些专门的智能测试工具,如 GraphWalker、TASMO 等,基于智能系统自动生成测试用例。

8.3.4　测试代码编写与测试自动化

针对测试需求和测试场景设计与生成了测试用例之后,在大多数情形下,要编写可执行代码,输入准备好的数据,检查被测系统能否产生预期的输出。通过测试可以辨识系统的缺陷和不足。除了人员复盘之外,专门化的测试逻辑设计、实现,尤其是可执行代码的编写、生成,占据了测试工作的大部分时间。幸运的是，自动化、智能化的测试场景发现、逻辑实现、代码编写技术不断发展，使用它们可以极大地提高测试的效率。

一些面向常规系统的逻辑实现和代码编写 IDE 及其插件，如 IntelliJ IDEA + EasyCode、Visual Studio + IntelliCode/GitHub Copilot、Visual Studio Code + Tabnine/GitHub Copilot 等工具，可以显著地提高测试代码编写与测试的效率。针对测试，值得引入一些智能的测试工具——Applitools、Sauce Labs、Testim、SeaLights、Test.ai、mabl、ReportPortal.io、WeTest、Testin 云测、AutoMeter-API、Endtest。这些工具可以帮助测试团队更有效地管理测试活动，提高软件质量，同时降低测试成本。在实际应用中，根据项目的具体需求和资源情况，选择合适的测试工具。

8.3.5　测试报告生成

测试的目的是发现系统的缺陷和不足，进而支持对质量的评估和提升保证，确保系统的可靠性，规避风险，降低维护和持续改进成本，获得系统成功运行的信心。一份良好的测试报告可以极大地提高产品质量状况的透明度，帮助开发团队快速定位问题，提高修复效率，进而改进质量，提高客户的信任度。

为此，我们应该在测试记录的基础上，运用智能的方法组织、生成测试报告，针对产品经理、开发人员、运营维护人员、销售人员等角色发布个性化的版本，回应他们在不同场景下对产品质量的关切。常见的测试报告生成工具有 Allure、HtmlTestRunner、Testim.io 和 Applitools等。另外，可以使用编程语言（如 Python、JavaScript）和模板引擎（如 Jinja2）编写自定义脚本来生成测试报告，实现高度定制化的报告内容和格式。

这些工具和方法可以帮助测试团队实现测试报告的自动生成过程，提供更直观的测试结果。在选择工具和方法时，应考虑项目的具体需求、技术栈兼容性、成本以及团队的技能水平。

8.4　部署与交付

部署与交付是将软件从开发环境转移到用户业务环境的过程。通过部署与交付，软件最终被用户访问和使用，从而满足业务经营需求。部署与交付还需要满足合规性和标准遵循要求，更好地应对项目风险，包括技术风险、时间风险和成本风险，提升客户的满意度和市场竞争力。

8.4.1　部署策略与流程

与传统系统相比，在智能系统的部署与交付过程中，要采取一些特定的策略，如实时数据处理、模型训练与更新，以及对大量数据的高效处理等。

在部署智能系统时，不仅要考虑监控和日志记录、负载均衡、灾难恢复、可扩展性等传统因素，还要考虑模型大小、优化指标、实时性要求和资源限制等因素。为了满足实时性和带宽限制的需求，智能系统可能需要在边缘设备上进行数据处理和模型推理。考虑软件特定的部署模式，如大爆炸部署、滚动部署、蓝绿部署、金丝雀部署等，以确保新版本的平滑过渡和风险最小化。应该支持模型的持续学习和定期更新，以保持系统的性能。由于智能系统依赖数据，而数据可能会随时间漂移，因此需要考虑如何检测和适应这种漂移，以保持模型的准确性。此外，要遵守行业标准和法律法规，确保信息的可追溯性和易于管理性。

这些部署策略可以根据具体的项目需求和环境进行调整与优化，以实现更好的部署与交付效果。在实际中，根据系统需求和实现情况，规划部署与交付的方案，准备环境与配置，然后进行自动化部署、集成。

8.4.2　试运行

智能系统的试运行也称为试运营，是部署流程中的关键一步。其目的是确保系统在正式、独立地上线前能够满足预期的性能和功能要求。

在做好智能系统的环境搭建、人员培训、数据准备、资源分配等准备工作且完成系统的部署之后，要尽快开展接近真实生产场景的系统功能测试、性能测试、数据处理和模型测试、用户验收测试，要加强监控与日志收集工作，组织专门的团队应对突发的问题，尽快修复缺陷。当试运行进行到一定阶段时，系统运行评价指标符合预期目标，试运行报告通过评审后，就可将系统切换到完全独立的生产模式，正式投入使用。

试运行是一个迭代过程，可能需要多次循环测试和优化，直到系统达到上线标准。这个过程对于确保智能系统的质量和提升用户满意度至关重要。在这个过程中，要特别重视智能系统的稳定性和可靠性、安全性。

8.4.3　持续集成与持续部署

持续集成与持续部署是现代软件开发实践中的两个关键组成部分，它们旨在缩短软件的开发周期，提高软件的质量和可靠性。

1. 持续集成

智能系统的持续集成是一种软件开发实践，旨在通过频繁地将代码变更集成到共享仓库中，提高开发效率和软件质量。在智能系统的开发过程中，持续集成往往包含代码集成、自动化构建、自动测试、代码质量检查、快速反馈、版本控制等关键的环节。

在智能系统的持续集成中，可能还需要对机器学习模型进行集成测试，确保模型的训练和验证过程能够自动执行，并且模型的更新能够无缝地集成到系统中。此外，对于智能系统的持续集成，可能还需要完成大量数据的自动化处理和分析，以支持模型的训练和系统的智能决策。

2. 持续部署

持续部署是持续集成的延伸。它指的是在软件开发过程中，将经过测试和验证的代码自动部署到生产环境或其他目标环境中，以便用户可以尽快使用最新的软件功能。持续部署的目标是缩短从代码提交到用户使用之间的时间，提高软件交付的速度和效率。智能系统的持续部署往往涉及自动化部署流程、配置管理、蓝绿部署、金丝雀部署、回滚策略、监控和日志、用户反馈循环等方面。

在智能系统中，持续部署还需要考虑数据管道的持续部署、模型的持续训练和更新，以及智能决策逻辑的持续优化。这些因素共同确保智能系统能够快速适应变化，提供更好的用户体验和实现更大的业务价值。

8.5 系统运维

系统运维工作是指对智能系统进行持续的监控、管理和优化，以确保系统的高效、稳定和安全运行。与传统系统的运维工作类似，智能系统的运维工作通常包含数据采集与管理、分析和诊断、自动化处理、监控与报警、服务台支持、决策支持与持续改进、安全与合规性管理等方面。

智能系统的运维工作要求运维人员具备跨学科的知识和技能，包括计算机科学、网络技术、数据分析、自动化和人工智能等。随着技术的发展，智能系统的运维工作正变得越来越依赖机器学习和人工智能技术，以实现更高级的自动化和智能化管理。

8.5.1 运维策略与措施

与常规系统的运维体系相比，在设计智能系统的运维体系的时候，我们要充分运用智能技术带来的便利，通过各种措施和方法提高工作效率。其中包括提高自动化程度、坚持数据驱动、开展预测性维护、进行原因分析、确保实时性和动态性、保持精细粒度的资源优化和智能报警、有效应对复杂性管理、重视安全性、注重持续学习和适应、重视用户体验等。

8.5.2 系统监控与报警

在对智能系统进行监控与报警时，不仅要关注智能算法、算力和数据的应用，还要重视系统监控与报警中多模态交互、隐私与安全等方面的要求。具体包括告警管理和聚合、实施多维度监控、用户交互和可视化、强调集成和扩展性、自适应调整、重视隐私和安全等内容。

8.5.3 故障排除与恢复

在智能系统的故障排除与恢复中，通过引入智能技术，可以高效地进行故障原因分析、解决方案生成、智能报警与通知、自适应的灾难恢复与预测性维护。

首先，在系统状态监控中，一旦发现故障，就运用丰富、完整的知识库进行原因分析，快速定位问题根源。

然后，迅速提供完善的应对方案，包括报警、通知、数据恢复等方面。可以智能地分析报警信息，判断情况的严重性和紧急性，只向相关人员发送必要的通知，避免信息过载。

最后，进行数据恢复或智能自愈。智能系统通常具备实时数据备份功能，可以在发生故障时迅速恢复到最近的稳定状态，降低数据丢失和业务中断的风险。一些智能系统具备自适应和自愈能力，能够在检测到性能下降或故障时自动调整配置或重新分配资源，以维持系统运行。一些智能系统利用虚拟化和容器化技术来隔离和快速恢复服务，提高系统的弹性和可靠性。

另外，通过分析历史和实时数据，智能系统还可以预测潜在的故障并提前进行维护，从而避免故障发生。

这些方法和措施使智能系统在故障排除与恢复方面更加高效、可靠,并且能够更好地适应不断变化的业务需求。

8.6　系统优化

随着开发环境、运行环境和技术的变化,系统需要不断适应新的性能、安全、法律法规需求。具备优化与演进能力是系统长期稳定运行的关键。在设计系统时,应该考虑可扩展性、可维护性和可升级性,以便在未来能够顺利地进行调整和改进。

要坚持对用户友好的原则,在进行系统优化时,提供直观的界面和交互方式。

在每次演化时,应该进行原型开发和测试。在确定具有潜力的应用领域后,进行人工智能系统的原型开发和测试。这可以帮助企业评估系统的功能、性能和用户体验,并验证其对业务的价值。坚持渐进式实施和持续改进。将人工智能系统逐步引入业务中,逐渐扩大应用范围。同时,持续监测和评估系统的效果,并进行改进和优化,以确保其能够为业务带来持续的价值。

8.6.1　需求预期管理

为了更好地支持智能系统的优化,获取各方面的优化需求是至关重要的。我们可以通过用户反馈收集、业务需求分析、数据分析、跨部门沟通与协作、持续监控与评估等手段发现新的系统优化需求。

在全面收集用户、业务、技术和数据方面的优化需求后,我们应该全面地分析、综合地考虑,总结有效、有价值的系统优化需求。大致流程包括状态日志的自动解析、数据整合与预处理、综合分析、需求汇总、实施与监控、效果评估与迭代、建立反馈循环等环节。通过这些环节,我们能够更好地理解用户需求和系统运行状况,从而制定出更加精准和有效的演进策略。这不仅能够提升用户体验,还能确保系统在长期内稳定和高效运行。

8.6.2　需求变更管理

发现的优化需求可能来自对新业务、新场景的设想,但更多来自对原有系统特性的优化、改造、升级。这会引起对系统优化需求的变更,进一步在其他系统业务特性、系统架构、系统实现上引起变更,因此需要对系统优化与演进需求进行有效的管理。在智能系统的优化中,需求变更管理可参考常规系统的需求变更管理。面对庞大且复杂的系统需求体系,引入自然语言处理、知识图谱、自动化决策、数据分析等技术,有助于保持需求的完整性、一致性和变更过程中的可跟踪性,提高需求变更管理的效率和效果,确保智能系统的开发适应不断变化的市场需求和技术环境。

8.6.3　系统优化实现技术

智能系统的优化策略涉及多个方面,旨在提高系统性能、提升用户体验,并确保系统的可持续发展。在模块化和微服务架构、自动化和智能化运维、持续集成和持续部署等策略的指导下，采用深度学习、强化学习、迁移学习、多任务学习和元学习等技术有助于提升系统的性能、提升用户体验，确保系统在不断变化的技术环境中保持竞争力。

8.6.4 个性化及个性化版本管理

在系统优化的过程中，实现个性化是一个关键目标，它能够提升用户体验并满足不同用户群体的特定需求。通过用户数据分析、用户画像构建、上下文感知、动态内容生成、个性化设置、隐私和安全等策略，系统可以智能地实现个性化，提供定制化的服务。这不仅能够提高用户的满意度，还能增强用户的黏性。

我们可以在版本控制管理中引入智能分支管理、智能冲突解决、个性化配置、智能代码分析、智能报告等技术手段，智能地实现个性化，提高效率，减少错误，并提升团队协作的流畅性。

8.7 小结

在智能系统的开发、部署和运维过程中，智能化和个性化是关键的策略。本章结合具体的阶段性工作，讲述了在进行智能体构件设计、系统开发环境搭建、系统测试与质量保证、部署与交付、系统运维和系统优化时如何提升用户体验、提高系统的性能。

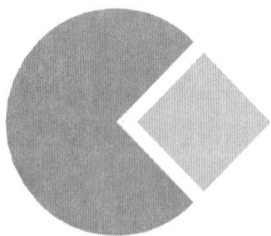

第 9 章　智能系统伦理、安全和隐私保护策略

在开发智能系统时，除了算法和架构设计，还需要考虑伦理、安全和隐私保护问题。这些问题直接决定了人工智能的健康发展程度和大众接受度，以及它对社会、经济和文化的推动作用。本章将探讨这些问题，以促进人工智能技术的良性发展。

人工智能的迅速发展带来了前所未有的技术进步和社会变革，但也引发了诸多伦理问题。智能系统在决策过程中可能存在偏见和歧视，这些偏见可能源自训练数据的不公平性或算法设计的缺陷。例如，面部识别技术对不同种族和性别群体的识别准确率存在差异，这可能导致某些群体的不公平待遇。此外，人工智能的自动化决策能力也引发了对人类自主性和道德责任的担忧。伦理设计要求开发人员在设计和部署智能系统时，确保其行为符合道德标准，尊重人类的价值观，并积极预防和减轻智能系统潜在的负面影响。伦理指南和法律法规的制定是推动人工智能伦理设计的重要手段。

确保智能系统的安全性是其广泛应用的前提。人工智能的复杂性和自动化特性使其在执行任务时可能出现意外行为或错误决策，从而带来安全风险。例如，在识别和应对复杂路况时，自动驾驶汽车可能会发生事故。为了确保智能系统的安全性，在系统设计、测试和维护过程中，开发人员需要采用严格的安全标准和防护措施，其中涉及模型验证技术、冗余系统设计、实时监控和应急响应机制等。此外，智能系统的安全性还依赖其对外部攻击的抵御能力，如防止黑客攻击、数据篡改和恶意利用。通过多层次的安全设计，可以更大限度地降低智能系统的安全风险，确保其在实际应用中的可靠性和安全性。

人工智能技术在数据处理和分析方面的强大能力使智能系统的隐私保护成为一项重大挑战。智能系统通常需要大量的个人数据来进行训练和优化。这些数据包括用户的行为记录、健康信息、社交互动消息等。然而，数据的广泛收集和使用可能导致个人隐私泄露和数据滥用问题。为了实现隐私保护，使用技术和管理手段（包括数据匿名化、加密技术、隐私计算等，以及用户数据访问权限管理和数据使用透明度的管理手段），确保用户的数据安全和隐私权利。

9.1　伦理考虑与指南

作为前沿技术之一，人工智能在给人类社会带来巨大发展红利的同时，其不确定性也带来诸多挑战，引发伦理关切，因此应该努力塑造人工智能"科技向善"的文化理念，让科技更好地增进人类福祉。

9.1.1　人工智能的伦理挑战

人工智能的迅速发展和广泛应用，无疑提高了社会生产力，推动了人类社会的进步。然而，在享受这些技术红利的同时，我们也需要面对一系列人工智能伦理风险。

首先是公平性问题。"垃圾进，垃圾出"（garbage in, garbage out）是描述机器学习系统的一个常见说法：如果输入系统的训练数据存在偏见，则输出结果很可能同样存在偏见。这种现象不仅影响算法执行的有效性及可信性，还会引发伦理危机。

其次是责任归属问题。当智能系统产生错误（例如，自动驾驶汽车发生事故）时，应当由谁承担责任呢？是汽车制造商？是软件开发人员？还是用户本身？ 或是其他参与环节的相关实体？目前尚无法律法规来界定责任归属。

最后是就业安全问题。人工智能使很多岗位的消失成为必然。如何保障技术弱势群体的利益，人类和人工智能如何和谐共处，人工智能时代的社会治理应该如何规划，等等，这些问题都需要各国政府提前做好顶层设计。另外，如何科学地定义道德规范来引导人工智能行为，人工智能是否具备法人地位，这些问题也需要不断地反思。

因此，和其他新技术一样，人工智能的伦理挑战是一种全新而复杂的挑战。它涉及公平性、责任归属以及就业安全等方面。要解决这些问题并非易事，但至关重要。因为只有妥善处理这些伦理问题，才能让所有人真正从人工智能技术中受益，并推动社会健康发展。

9.1.2　伦理指南与实践

为了应对人工智能带来的伦理问题，联合国教科文组织于 2021 年 11 月 24 日通过了《人工智能伦理问题建议书》（Recommendation on the Ethics of Artificial Intelligence）。《人工智能伦理问题建议书》旨在为和平使用人工智能系统、防范人工智能危害提供建议。该建议书提出了人工智能价值观和原则，以及落实价值观和原则的具体建议，以推动全球针对人工智能伦理安全问题形成共识。

在人工智能伦理治理方面，美国目前监管的重点包括反歧视、保护数据隐私等。例如，美国白宫科技政策办公室（Office of Science and Technology Policy，OSTP）颁布的《人工智能权利法案蓝图》（Blueprint for an AI Bill of Right）旨在指导人工智能的设计、使用和部署。

欧洲理事会在 2024 年 5 月 21 日正式批准了《人工智能法案》（Artificial Intelligence Act）。该法案旨在为人工智能引入一个共同的监管和法律框架。《人工智能法案》是欧盟首部有关人工智能的综合性法案，其以人工智能的概念作为体系原点，以人工智能的风险分级管理作为制度抓手，以人工智能产业链上的不同责任主体作为规范对象，以对人工智能的合格评估以及问责机制作为治理工具，从人工监管、隐私、透明度、安全、非歧视、环境友好等方面全方位监管人工智能的开发和使用，详细规定人工智能市场中各参与者的义务。

我国对人工智能伦理的监管也在稳步推进。2021 年 9 月 25 日，国家新一代人工智能治理专业委员会发布了《新一代人工智能伦理规范》，提出了人工智能活动应该遵循的基本理论规范（见图 9-1），回应了社会各界有关隐私、偏见、歧视、公平等领域的伦理关切，旨在将伦理道德融入人工智能全生命周期，这是我国发布的第一套人工智能伦理规范。

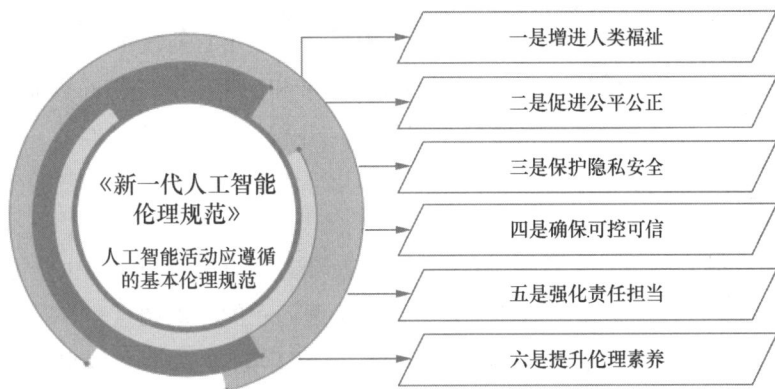

▲图 9-1 基本伦理规范

此外，针对以大模型为代表的生成式人工智能技术，2023 年 7 月，国家网信办联合国家发展改革委、教育部、科技部、工业和信息化部、公安部、广电总局发布了《生成式人工智能服务管理暂行办法》，该办法规定了生成式人工智能服务提供者的各项合规义务，包括训练数据使用及个人信息保护，以及安全评估义务等，提出生成式人工智能产品或服务应当遵守的规范要求，旨在促进生成式人工智能健康发展和科学应用。2024 年 2 月 29 日，全国网络安全标准化技术委员会发布了《生成式人工智能服务安全基本要求》，对人工智能服务安全方面的基本要求做出规定。该文件规定了生成式人工智能服务提供者需遵循的安全基本要求。生成式人工智能服务提供者在按照有关要求履行备案手续时，要进行安全评估并提交评估报告。

9.1.3 社会责任与参与

人工智能伦理的监管和治理需要社会各方参与，主要内容如下。

1. 政府监管

首先，政府需要建立相关法律法规来管理人工智能技术的开发与使用。其次，政府需要加强对教育系统的引导与监督。最后，在国际层面上，政府主动与国际组织以及其他多边机构交流，并推动制定全球性准则来引导人工智能技术的发展。

2. 企业自律

人工智能企业必须遵守相关国家或地区制定的法律法规和标准，并向用户披露数据收集范围以及如何处理这些数据。同时，企业应该努力避免智能系统中的偏见或歧视行为。此外，企业还可以建立内部机构或委员会来评估项目可行性、道德合规性，并与其他企业通过分享经验、交流最佳实践以及参与联合研究等方式加强协作，从而提高整个产业对于人工智能伦理问题的认识水平并形成一致的标准。

3. 公民参与

公民应该不断提高数字素养水平，意识到自己使用人工智能技术或受到人工智能技术影响时可能面临的道德和伦理问题。同时，公民应该积极参与人工智能技术的决策过程。另外，公民可以参与跨界讨论、社区活动，为人工智能技术发展和应用中的道德问题提供多元化观点，并可以向监管机构报告发现的智能系统的不当行为，并积极提出改进措施。

4. 媒体监督

媒体可以通过报道相关新闻事件、研究成果以及专家观点来向公众提供全面、准确且通俗易懂的信息。媒体还可以组织和推动针对人工智能伦理问题的深入调查和专题报道。这些报道能够揭示不同行业中使用人工智能技术可能面临的道德困境，例如隐私侵犯、歧视性算法以及自主系统失控等，引导公众关注与讨论。通过报道人工智能技术的成功案例等措施，塑造一个更加负责任且可持续发展的人工智能社会生态环境。

9.2 安全性设计与应对策略

对于开发人员、测试人员、运维人员来说，智能系统的安全性设计与应对策略都具有深远的意义，甚至是决定智能系统应用效果优劣的关键因素之一。人工智能技术的发展带来了一些安全问题，如果这些问题不能得到有效解决，可能会阻碍人工智能技术的发展，甚至引发社会对人工智能技术的反感和抵制。研究智能系统的安全性设计与应对策略，可以帮助解决这些问题，促进人工智能技术的健康和可持续发展。

9.2.1 安全威胁与风险

目前，智能系统的安全威胁与风险主要有以下几个方面。

- 数据安全（data security）：智能系统的训练和运行高度依赖数据，数据的质量和安全直接影响智能系统的性能。数据面临的威胁包括数据泄露、数据篡改和数据质量问题。数据泄露可能导致个人隐私和敏感信息的泄露，数据篡改可能导致智能系统做出错误的决策，而数据质量问题可能导致智能系统的性能下降。
- 模型欺骗（model deception）：利用智能系统的一些特性，通过输入特定的数据，使智能系统做出错误的决策。一个常见的例子是对抗性攻击（adversarial attack），攻击者通过微小的输入变化，导致智能系统做出完全错误的预测。
- 算法偏见（algorithm bias）：由于智能系统通常是通过学习训练数据来进行决策的，因此如果训练数据存在偏见，智能系统可能就会学习并再现这些偏见。这可能导致智能系统的决策不公正，例如，引起性别、种族、年龄、文化等方面的歧视。
- 不可预测性风险（unpredictability risk）：由于智能系统（特别是深度学习系统）的决策过程往往是复杂且不透明的，因此智能系统的行为存在不可预测性。这种"黑箱"效应可能导致智能系统的决策出现错误，而用户或者相关责任方难以提前预测和纠正。

为了应对这些安全威胁与风险，要在智能系统的设计和实施过程中采取相应的安全措施，包括数据保护、模型验证、算法审计、透明度和可解释性提升等。例如，数据保护可以通过加密、匿名化等手段实现；模型验证和算法审计可以委托第三方机构进行；透明度和可解释性的提升可以通过算法设计和解释模型实现。

9.2.2 安全性设计原则

智能系统的安全性设计是一个复杂且重要的任务，体现在系统的设计、开发、测试、部署和维护等阶段。在智能系统的安全性设计中，主要有以下一些设计原则。

- 安全性原则：在设计智能系统时，应始终遵循最小特权原则（Principle of Least Privilege，PoLP）。这个原则的核心思想是，每个程序或用户都应只有完成其任务所需的最小权限，以有效地限制攻击者在成功攻入系统后可以获得的权限。例如，人工智能模型的训练和推理通常不需要访问全部的用户数据，因此应限制其对数据的访问权限。
- 数据保护：智能系统通常需要处理大量的敏感数据，因此数据保护是非常重要的。数据在存储、传输和处理过程中都应加密，以防止被未授权的人员访问。此外，应实施严格的访问控制策略，只允许被授权的人员访问数据。
- 隐私保护：在设计智能系统时，应尽可能地保护用户的隐私。这可以通过使用差分隐私等技术来实现。差分隐私通过添加随机噪声保护个体数据的隐私，同时仍然允许智能系统对数据进行有效的统计分析。
- 鲁棒性设计：智能系统应具有鲁棒性，即使在面临攻击或错误输入时也能正常工作。例如，对抗性训练是一种在智能系统训练过程中有意识加入对抗性攻击，从而提高其对这类攻击的防御能力的方法。
- 安全性测试：在智能系统的开发过程中，应进行全面的安全性测试，以发现和修复可能的安全漏洞。这包括代码审查、渗透测试、模糊测试等方法。
- 安全性文化：组织应建立一种安全性文化，使所有的员工都了解并重视信息安全。这包括定期的安全培训、安全意识宣传，以及鼓励员工报告可能的安全问题等。
- 透明度和可解释性：智能系统应尽可能地透明和可解释，以便用户与监管者可以理解其工作原理和决策过程。这包括使用可解释的人工智能模型，以及提供详细的文档和报告等。
- 持续改进：智能系统的安全性设计应是一个持续的过程，需要定期进行审查和改进。这包括定期的安全性评估、安全性测试，以及对新的威胁和攻击方法的监控等。

总的来说，智能系统的安全性设计需要多学科（包括计算机科学、信息安全、数据保护、法律法规等）的知识和技能，以及对人工智能技术和可能的攻击方法的深入理解。这一任务需要设计人员、开发人员、测试人员和运维人员共同努力完成，以保护系统和数据的安全，保障用户的权益，满足法律法规和标准的要求。

9.2.3 应对策略与实践

要提高智能系统的安全性，应对策略涉及多个方面，包括数据保护、模型鲁棒性、安全运维、模型和算法的透明度，以及合规性和审计等。本节将介绍一些具体的应对策略与实践。

1. 数据保护

数据是智能系统的核心，因此保护数据的安全和隐私至关重要。数据保护涉及两个主要的技术领域——数据加密和数据隐私。

数据加密包括传统的对称加密和非对称加密，以及更先进的同态加密。同态加密允许在加密数据上进行计算，而不需要解密，这对保护数据隐私非常有用。例如，IBM 公司开发的一些同态加密算法已经应用于云计算和数据分析等领域。

数据隐私包括匿名化、去标识化和差分隐私等技术。差分隐私通过在数据中添加随机噪声，防止从数据中识别出个人信息。例如，Google 公司在其 Chrome 浏览器中就成功地应用了差分隐私技术，在收集和分析用户数据的同时保护用户隐私。

2. 模型鲁棒性

对抗性攻击是影响智能系统安全的一个重要问题，它通过微小的输入扰动误导人工智能模型。对抗性防御的方法包括对抗性训练、防御性蒸馏（defensive distillation）和特征压缩（feature squeezing）等。

对抗性训练是一种在训练过程中加入对抗性样本的方法，使模型能够抵抗对抗性攻击，提高模型的抗干扰能力和鲁棒性。防御性蒸馏是一种通过训练一个新的模型模仿原始模型的行为，从而抵抗对抗性攻击的方法。特征压缩则是通过减少模型的输入特征，减少对抗性攻击的攻击面。例如，某社交网络服务网站的图像识别系统和内容过滤系统都使用对抗性训练来提高对恶意内容和虚假信息的识别能力。同时，该社交网络网站还在其广告平台中使用对抗性训练来检测和阻止恶意广告。

3. 安全运维

智能系统的安全运维也是保障其安全的重要环节。这包括实施安全的系统配置，进行定期的系统审计和安全检查，以便在出现安全事件时，能够及时地发现、响应和恢复。例如，使用安全信息和事件管理（Security Information and Event Management，SIEM）系统，可以实时监控智能系统的运行状态，及时发现和处理安全事件。

SIEM 是一种集成了安全信息管理（Security Information Management，SIM）和安全事件管理（Security Event Management，SEM）功能的安全技术，用于实时监控、收集、分析和报告系统中的安全事件和信息。在智能系统的安全运维中，SIEM 在如下方面可以发挥重要作用。

- 实时监控与分析：SIEM 能够实时监控智能系统中的安全事件和信息，通过分析这些数据，可以快速发现潜在的安全威胁和异常行为，以便安全团队及时采取相应的措施，保护系统安全。
- 事件响应与调查：SIEM 能够帮助安全团队及时对安全事件进行响应与调查，通过收集和分析安全数据，快速定位和解决安全问题，降低安全风险。

- 日志管理与审计：SIEM 能够对智能系统中的日志进行集中管理和存储，记录用户的操作行为和系统事件，便于安全团队进行审计和追溯，发现安全问题和违规行为。
- 异常检测与警报：SIEM 能够通过分析智能系统中的安全数据，检测异常行为和不寻常的模式，及时发出警报，提醒安全团队采取行动，防止安全事件的发生。

4. 模型和算法的透明度

透明度是智能系统安全性的一个重要方面，它有助于理解和控制智能系统的行为。它既包括模型的透明度（即模型的结构和参数是可知的），也包括算法的透明度（即算法的运行过程和决策逻辑是可理解的）。例如，使用决策树和贝叶斯网络等可解释的模型可以提高智能系统的透明度。

此外，增强模型的解释性和可审计性也是提高模型透明度的重要手段。例如，使用 SHAP（SHapley Additive exPlanations）等解释性工具，可以帮助理解模型的决策过程，从而发现和避免潜在的安全问题。

5. 合规性和审计

智能系统需要遵守相关的法律法规，如数据保护方面的法律法规等。此外，智能系统的安全性需要通过审计来验证。

智能系统的合规性涉及确保其设计、开发和应用符合相关的法律法规和政策要求（包括数据隐私保护、公平性和歧视性、透明度和可解释性、安全性、知识产权等方面的要求），以及行业内的道德准则。

智能系统的审计是指对其设计、开发和应用过程进行全面审查和评估，以验证其合规性，并发现潜在的风险和问题。审计包括技术审计、数据审计、过程审计和合规审计等方面。技术审计主要关注模型和算法的性能、鲁棒性和可解释性；数据审计主要关注数据的质量、隐私保护和公平性；过程审计主要关注开发过程中的管理和控制措施；合规审计主要关注系统是否符合相关的法律法规和行业标准。审计通常由独立的第三方机构或内部审计团队进行，并生成审计报告和建议，帮助提高智能系统的合规性和性能。

国际标准化组织（International Organization for Standardization，ISO）在人工智能领域开展了大量标准化工作，并专门成立了 ISO/IEC JTC 1/SC 42 人工智能分技术委员会，主要研究人工智能数据的治理、人工智能系统全生命周期管理、人工智能安全风险管理等。

ISO 主要关注人工智能的透明度、可解释性、健壮性与可控性等，研究人工智能系统的技术脆弱性因素及缓解措施，相关标准包括 ISO/IEC TR 24028:2020《Information technology—Artificial intelligence—Overview of trustworthiness in artificial intelligence》、ISO/IEC 27090《Cybersecurity—Artificial Intelligence—Guidance for addressing security threats and failures in artificial intelligence systems》、ISO/IEC TR 5469:2024《Artificial intelligence—Functional safety and AI systems》。

9.3 隐私保护与应对策略

在当前的数字化时代，数据被誉为新的"石油"。而智能系统的训练和运行依赖大量的数据。这些数据可能包含敏感的个人信息、企业秘密或国家安全信息。如果这些数据被非法访问、泄露或滥用，将对个人隐私、企业利益甚至国家安全构成严重的威胁。因此，在智能系统开发过程中，要考虑隐私保护与应对策略，防止数据泄露和非法使用，从而维护个人、企业和国家的利益。

9.3.1 隐私挑战和风险

在智能系统中，隐私保护面临多种挑战和风险。

在数据收集与存储方面，面临的挑战和风险如下。

- 过度数据收集：智能系统往往需要大量数据以进行训练和优化，这可能导致对用户数据的过度收集。用户可能只同意收集某些特定用途的数据，但实际收集的数据可能远超用户预期。
- 数据存储安全：收集的数据需要安全地存储，但由于存储系统的复杂性和潜在的漏洞，数据存储的安全性难以完全保障。例如，数据中心可能遭受黑客攻击或由内部人员的泄露数据。

在数据处理与分析方面，面临的挑战和风险如下。

- 数据去标识化不充分：虽然去标识化技术（如数据匿名化）能从一定程度上保护个人隐私，但是这些技术并非万无一失。在某些情况下，基于去标识化的数据，可以通过交叉引用其他数据重新识别个人身份。
- 数据滥用与二次利用：数据被收集并存储后，可能被用于最初目的之外的用途。例如，企业可能会将用户数据用于精准广告投放、市场分析等，未经用户同意的二次利用会构成隐私侵犯。

1. 数据共享与第三方访问

智能系统的开发和运营过程往往涉及与第三方的合作和数据共享。这些第三方可能没有严格的数据保护措施，导致数据泄露和滥用的风险增加。

许多智能系统依赖云服务和外包数据处理，这意味着数据在传输和处理过程中存在泄露风险。

2. 模型训练与推理

在人工智能模型的训练过程中，如果数据集包含敏感信息，这些信息可能会被泄露。例如，GPT 可能在生成文本时泄露训练数据中的敏感信息。

在人工智能模型的推理过程中，向模型输入的数据和模型输出的数据也可能包含敏感信息。例如，在响应用户查询时，语音助手可能会处理和存储用户的语音数据，造成隐私风险。

3．透明度缺乏与控制权缺失

用户通常无法清楚地了解其数据如何被收集、处理和使用。隐私政策和模型流程的不透明性增加了用户隐私保护的难度。

用户对自己的数据缺乏有效的控制权，难以行使查看、更正或删除数据的权利。这种控制权的缺失使用户在数据隐私保护方面处于被动地位。

总的来说，人工智能中面临的隐私挑战和风险涉及数据收集、处理、存储、共享和应用等环节，需要综合运用技术手段、管理措施和法律法规，确保用户数据的安全和隐私受保护，推动人工智能技术的可持续发展。

9.3.2　应对策略

在智能系统开发中，除了遵循相应的数据隐私保护法律法规外，还可以采用多种应对策略。

下面介绍的应对策略可以单独使用，也可以组合使用，以满足不同场景下的数据隐私保护需求。在设计和实施数据隐私保护措施时，要考虑数据的类型、使用场景、相关法律法规以及技术实现的可行性。

1．数据匿名化

数据匿名化是一种数据保护方法，通过修改数据，使其无法直接或间接与个人信息相关联，以保护数据的隐私性，主要目的是防止在数据分析和处理过程中能够识别特定个体。实现数据匿名化的主要方法如下。

- 泛化：将具体数据值转换为更广泛的类别或范围，如将年龄具体值替换为年龄段。
- 扰动：向数据中添加随机噪声，以模糊个人身份，例如，在地理位置数据中添加随机偏移。
- 数据脱敏：结合替换、泛化和扰动等方法，确保在数据使用和分享过程中个人信息得到有效隐藏。

2．差分隐私

差分隐私是一种在数据分析中加入随机性来保护个体隐私的方法。向数据查询结果中添加噪声，能够保证单个数据项对结果的影响被最小化，从而保护个体隐私。

差分隐私是受数学理论支撑的隐私保护方法，即使攻击者知道数据集中的绝大部分信息，也无法推断出单个数据条目的信息。其核心思想是在统计结果中加入适量的随机噪声，以掩盖单个数据的影响，从而保护隐私。差分隐私技术的特点如下。

- 强隐私保护：差分隐私技术能够在不泄露个体信息的前提下，保证数据分析的准确性。即使攻击者掌握了大量背景知识，也无法通过数据分析获取特定个体的隐私信息。
- 灵活性：差分隐私技术适用于各种类型的数据分析任务，如统计查询、机器学习等。通过调整隐私预算和噪声大小，可以灵活平衡隐私保护和数据可用性。

- 可证明性：差分隐私技术提供了严格的数学证明，确保了隐私保护的有效性。这为数据安全和个人隐私保护提供了有力保障。

差分隐私技术可以应用于各种数据分析和机器学习场景，如数据聚合、统计分析和机器学习模型训练，以确保数据的隐私和安全。

差分隐私技术的引入使数据分享和发布过程更加可控和安全，特别适用于涉及敏感个人数据的领域，如医疗健康、金融和社会科学研究。

3. 同态加密

同态加密是一种特殊的加密技术，允许在加密状态下进行计算操作，而不需要先解密数据。其核心概念是在加密的数据上执行某些操作后，得到的结果可以与解密后在明文数据上执行相同操作所得的结果一致。

同态加密允许在加密数据上执行加法、乘法等数学运算，并返回加密的结果，避免对数据进行明文处理，从而保护数据隐私。

同态加密通常涉及公钥和私钥，使用公钥加密数据，使用私钥解密计算后的结果。

同态加密在云计算、数据隐私保护等领域广泛应用。例如，允许云服务器对加密数据进行计算而无须获取明文数据，确保数据隐私。

同态加密技术的出现使数据可以在加密状态下进行多种类型的操作，对于需要保护数据隐私和安全性的场景具有重要意义。

4. 安全多方计算

安全多方计算是一种密码学技术，允许多个参与方在不公开各自私密数据的情况下，共同计算同一个函数的结果。其核心目标是确保在计算过程中每个参与方的数据的隐私性，其他参与方或潜在的第三方无法获取关于数据的任何额外信息。安全多方计算的特点如下。

- 隐私性：任何参与方都不能获得任何规定的输出之外的信息。
- 输入独立性：各个参与方必须独立选择自己的输入，即不能根据其他参与方的输入来选自身的输入。
- 输出一致性：如果某个参与方获得了输出，则所有参与方都将获得相同的输出。

通过安全多方计算，参与方可以在保护数据隐私的同时合作进行复杂的计算和分析任务，这为数据安全和隐私保护提供了强大的技术支持。

5. 联邦学习

联邦学习（Federated Learning，FL）是一种分布式机器学习技术，允许在多个设备或边缘节点上训练机器学习模型，而无须将数据传输到中央服务器。其核心概念是在保证数据留在本地的同时，通过聚合局部模型的更新构建全局模型，从而保护数据隐私和安全。其主要特点如下。

- 本地训练：设备或边缘节点上的数据保留在本地，并在本地进行模型训练。

- 模型聚合：中央服务器通过安全聚合算法（如 FedAvg）聚合各个设备或边缘节点的局部模型的更新，以更新全局模型，而不需要访问原始数据。
- 隐私保护：因为数据始终保留在本地，只有模型参数或梯度被聚合到中央服务器，所以原始数据不会在网络上传输，从而降低数据泄露和被攻击的风险。

联邦学习使数据所有者可以共享其数据，而无须泄露数据隐私或将数据传输到中央服务器，是促进数据协作和隐私保护的重要技术。联邦学习适用于移动设备、医疗健康和工业物联网等需要处理大量敏感数据的领域，以及对数据所有权和隐私合规性要求较高的场景。

6. 安全审计

安全审计通过检测和记录数据访问与处理行为，确保数据隐私策略的有效性和合规性，包括日志分析和行为监控。通过定期的安全审计，可以及时发现和应对数据泄露带来的威胁。

9.4　小结

伦理、安全和隐私保护问题是开发智能系统过程中需要考虑的。本章探讨了相关技术、原则和法律法规等。智能系统中的伦理、安全和隐私保护需要全球学术界、产业界和政府部门的密切协作。只有通过共同努力，才能确保人工智能的发展在遵循伦理原则、保障安全和隐私的基础上真正造福人类。

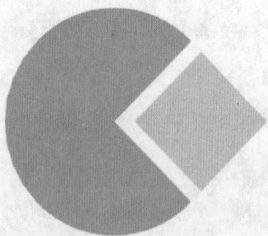

第 10 章 行业应用

2022 年底，以 ChatGPT 为代表的大模型技术在多场景、多用途和跨领域任务处理方面展现了强大的能力。自 2023 年以来，以 GPT-4 为代表的大模型技术引领了全球范围内人工智能创新应用的热潮。随着国内外各类大模型的出现及其性能的持续提升，人工智能在垂直行业场景中的应用越来越多。

10.1 概述

在数字化浪潮的推动下，作为人工智能领域的一次重大进步，大模型技术被业界广泛看好。得益于政策支持和技术进步，国产大模型技术快速发展，正逐步走向成熟并融入行业应用场景。这预示着，通过与各行各业产品和应用场景的深度融合，大模型将极大地赋能我国数字经济的发展。在这一背景下，"大模型赋能千行百业"不仅是一个愿景，更是一项正在进行中的实践。

与传统人工智能相比，大模型在效率提升、定制化、创造性、解释性方面拥有优势。人工智能在零售行业、金融行业、医疗行业的应用潜力非常大。

以金融行业为例，当前 4 类主流的应用为任务和流程自动化、用户互动、内容创作，以及代码编写加速。而从企业经营和业务部门的视角来看，人工智能对营销部门、客户运营部门、产品研发部门的影响非常大。不过值得注意的是，金融机构在应用大模型时要关注模型幻觉、恶意使用、信息泄露等风险。

随着大模型的蓬勃发展，其产业规模也在高速增长。大模型会为推动全球经济发展发挥巨大的价值。

10.1.1 大模型+营销

在数字化时代，营销领域正经历着前所未有的变革。随着大模型技术的兴起，"大模型+营销"成为推动营销创新和效率提升的重要力量。通过深度学习和海量数据分析，大模型能够在以下 5 个环节发挥巨大作用，为企业带来全新的营销视角和方法。

- 消费者行为分析：在传统营销中，企业往往通过调查问卷、小规模数据分析等方式理解消费者行为。然而，这些方法往往存在时间延迟、样本偏差等问题。大模型技术通过分析海量的用户数据，能够实时、准确地捕捉消费者的行为模式和偏好的变化。例如，通过分析社交媒体上的用户互动、购物网站的浏览记录等数据，大模型能够揭示消费者的真实需求和潜在兴趣点，帮助企业制定更精准的营销策略。

- 个性化推荐：大模型在营销领域的另一大应用。通过对用户历史行为数据的深度学习，大模型能够预测用户的喜好和购买意图，为其推荐符合其兴趣的产品或服务。与传统的推荐系统相比，大模型能够处理更复杂、更细粒度的数据，提供更加个性化、多样化的推荐内容，显著提高用户的满意度和转化率。
- 内容创作：内容创作是当下重要的营销手段，而创新和高质量的内容成为吸引用户的关键。大模型技术能够在内容创作环节提供强大的支持，如自动生成文章、视频脚本、广告语等。这些内容不仅形式多样，而且能够根据营销场景和目标受众进行定制化。
- 用户体验优化：大模型技术还可以应用于用户体验的优化中。通过分析用户在应用程序或网站上的行为路径，大模型能够识别出用户体验中的痛点和改进空间，帮助企业优化产品设计和服务流程。此外，大模型还能够在客服系统中应用，通过自然语言处理技术提供更加智能化、个性化的客户服务，提升用户满意度。
- 市场趋势预测：在快速变化的市场环境中，准确把握市场趋势对于企业制定营销策略至关重要。大模型能够通过分析大量的市场数据、新闻事件等信息，预测市场的发展方向和潜在机会。这种基于数据的市场趋势预测方法比传统的专家分析更客观、全面，能够帮助企业及时调整营销策略，抓住市场机遇。

"大模型+营销"正成为推动营销创新的新引擎。通过深度学习和大数据分析，大模型技术能够帮助企业优化营销策略，实现营销效率和效果的双重提升。未来，随着大模型技术的不断进步和应用领域的不断拓展，其在营销领域的应用将更加广泛和深入，为企业带来更多的创新机会和竞争优势。

10.1.2　大模型+办公

在当前技术快速发展的背景下，大模型正逐渐成为改变传统办公模式的关键力量。ChatGPT 等文字创作工具的快速崛起不仅成为全球现象级的应用，还为办公自动化和智能化开辟了新的道路。此外，多模态大模型对图像、视频、音频等内容的处理能力进一步拓宽了大模型在办公领域的应用场景，极大地提高了办公创作的效率和质量。

在大模型的浪潮中，办公自动化和智能化是直接受益的领域。通过引入大模型，企业和个人用户能够体验到前所未有的办公效率提高。这主要表现在以下几方面。

- 文档创作与编辑：自然语言处理技术的应用使文档创作变得更加高效。用户只需要简单描述想要创作的内容或主题，大模型即可自动生成文本，这极大地节省了创作与编辑的时间。同时，它还能提供写作建议，帮助用户优化文本结构和内容，提高文档的质量。
- 数据分析与报告生成：在处理数据分析与报告生成工作时，大模型技术能够快速识别关键数据，自动生成分析报告。这不仅提高了工作效率，还使非专业人士能够轻松完成复杂的数据分析任务。

- 多媒体内容制作：对于图像、视频、音频等多媒体内容的制作，多模态大模型技术能够提供强大的支持。用户可以通过简单的指令，让大模型帮助调整图片、编辑视频、生成音频内容等。

- 智能助理与自动化流程：大模型技术还能够充当智能助理，协助完成日程管理、邮件筛选、会议纪要生成等任务。通过自动化办公流程，减少重复性工作，让用户专注于核心创造性任务。

微软公司推出的 Microsoft 365 Copilot 便是大模型技术引领办公自动化和智能化的一个典型例子。它通过深度整合大模型技术，为用户提供了颠覆性的办公模式变化，从文档创作到数据分析，再到多媒体内容制作，Microsoft 365 Copilot 能够在多个维度助力用户提高工作效率和激发创造力。

与此同时，金山办公等公司也在积极探索大模型技术的应用，通过与多个大模型供应商对接，能够更精准地满足用户在办公时的需求。这不仅展现了我国的公司在智能办公领域的探索精神，还为用户提供了多样化的办公工具。

随着大模型技术的持续进步和应用场景的不断拓展，"大模型+办公"将会带来更多的创新和变革。未来的办公环境将更加智能化、高效化，办公方式也将更加灵活多样。从简单的任务自动化到复杂的创意工作，大模型技术都将发挥重要的作用，帮助人们突破传统办公的局限，开启全新的工作模式。

同时，随着技术的发展，隐私保护、数据安全等问题也要引起重视。在应用技术的同时，保护好用户的数据和隐私，将是推动"大模型+办公"持续健康发展的关键。

10.1.3　大模型+游戏

传统游戏内容创作往往耗时长、成本高，而大模型的应用使游戏内容创作变得更加高效。通过训练大量的游戏设计数据，大模型能够自动生成游戏地图、角色、故事情节等内容。这不仅大大缩短了游戏开发周期，还为游戏设计师提供了丰富的创意灵感。此外，使用大模型还能够创造出具有丰富情感和个性的游戏角色，提升游戏的沉浸感和故事性。

大模型在游戏测试和优化方面也显示出巨大的潜力。传统的游戏测试主要依赖人工，效率低下且容易遗漏问题。使用大模型能够模拟真实玩家的行为，自动执行游戏测试，协助发现并修复游戏中的缺陷（bug）和平衡性问题。此外，通过分析玩家的游戏数据，大模型还能够提供全面的游戏优化建议。

"大模型+游戏"极大地提升了玩家的游戏体验。一方面，大模型能够根据玩家的游戏行为和偏好，提供个性化的游戏内容和推荐，让每位玩家都能享受量身定制的游戏体验。另一方面，借助大模型，游戏中的 NPC（Non-Player Character，非玩家角色）能够实现更加自然和真实的交互。

大模型还推动了游戏互动方式的创新。例如，基于大模型，玩家可以通过语音与游戏角色进行交流，甚至影响游戏剧情的发展，为玩家提供全新的互动体验。此外，通过分析玩家的反馈和社交互动数据，大模型还能够实时调整游戏内容和难度，确保游戏的吸引力和挑战性。

展望未来，"大模型+游戏"将继续深化，大模型的进步将不断推动游戏行业的创新和发展。一方面，随着大模型的不断优化和应用范围的扩大，游戏内容创作、测试和优化的效率和质量将进一步提升。另一方面，大模型将为游戏设计和玩家体验带来更多可能性，如更加智能化的游戏、更加丰富的玩家互动方式等，为玩家提供更加沉浸式和个性化的游戏体验。

同时，随着技术的发展，游戏内容的原创性、版权保护、玩家隐私安全等问题也将成为行业关注的焦点。因此，确保技术应用的合规性和安全性，将是"大模型+游戏"持续健康发展的重要保障。

10.1.4 大模型+影视

从前期策划到宣传发行，大模型的应用覆盖了影视制作的全产业链，极大地提高了影视作品的创作效率和质量，同时为影视行业带来了全新的创作可能。

在影视作品的前期策划阶段，大模型可以通过深度学习和数据分析，辅助剧本的创作和优化。通过分析大量的影视剧本和文学作品，大模型不仅能够提供剧情构思和人物设定的建议，还能够根据剧本内容自动安排拍摄日程和估计预算。这不仅大大提高了前期策划的效率，还为影视作品的创作提供了更科学和精准的数据支持。

在影视作品的摄制阶段，大模型的应用更体现了其强大的创造能力。它可以实现人工智能换脸及换声、人工智能虚拟制片、人工智能剪辑、人工智能特效处理等。视频制作是一个涉及多方面协作的复杂过程。人工智能技术为视频制作过程带来了智能化的变革，实现了更精准的视觉效果。例如，大模型为如何在系列电影中保持演员外观不变的难题提供了解决方案，与传统特效手段相比成本大幅度下降。这既节约了制作成本，又提升了制作效率。

在后期制作阶段，大模型技术发挥着不可替代的作用。大模型可用于辅助生成音频和特效，甚至可以完成视频的剪辑工作。大模型可以根据用户提供的文字、图片、音频等素材，通过提取视频中的关键帧、判断镜头切换点等，自动剪辑出符合用户要求的视频。人工智能剪辑可以快速识别出有价值的素材，自动切割、编辑视频，实现一键抠图、删除任意对象等功能，提高视频剪辑、修改、重制的效率。其应用场景包括快速生成各种类型的视频，如宣传片、产品演示视频、电视剧、电影等。

在宣传发行阶段，大模型技术的应用显得尤为重要。大模型可用于辅助生成电影海报、制作电影预告片，甚至可以根据算法生成具有话题性的短视频，提高电影的市场影响力。此外，通过分析社交媒体和网络数据，大模型还能够帮助制定更精准的宣传策略，确保电影宣传的精准性。

随着大模型的不断进步和应用范围的进一步扩大，它在影视行业的应用将更加广泛和深入。未来的影视制作将更加智能化和自动化。这不仅能够提高影视作品的创作效率和质量，还能够为观众带来更加丰富的视听体验。同时，大模型的应用将推动影视行业的创新发展，为影视作品创作提供更多可能性，开创影视行业的新时代。

然而，大模型的应用也带来了诸如版权保护、数据隐私等方面的挑战。这需要行业人员、技术人员共同努力，确保技术的健康发展和应用的合规性。总之，大模型将在保障创作自由和创新的同时，推动了影视行业向更高水平发展。

10.1.5 大模型+制造

在当前的制造业中，大模型的应用正在开启一场变革。随着人工智能技术的不断进步，大模型不仅能够优化生产流程、提高生产效率，还能够推动制造业向智能化、自动化的方向发展。下面将从几个阶段探讨大模型在制造业中的应用及其带来的影响。

在产品设计与研发阶段，大模型可以通过深度学习和大数据分析，对市场趋势和用户需求进行准确预测，为产品设计提供数据支持。同时，借助大模型，可以在虚拟环境中对产品性能进行评估，大大缩短产品研发周期、提高研发效率。此外，大模型还能够辅助设计师进行创意设计，通过智能推荐系统提供设计灵感，实现个性化和定制化的产品设计。

在生产制造阶段，应用大模型可以实现生产过程的智能优化。通过实时收集生产线上的数据，大模型可以对生产过程进行实时监控和分析，及时发现生产中的问题并给出优化建议，从而提高生产效率和产品质量。同时，大模型还可以根据生产需求自动调整生产计划和资源配置，实现生产过程的自动化和智能化。

在质量控制阶段，大模型通过对生产数据的深度分析，可以实现对产品质量的实时监控和预测。通过建立产品质量模型，大模型可以准确预测产品可能存在的质量问题，并采取预防措施，从而保证产品质量。此外，大模型还能够通过分析历史质量数据，不断优化质量控制流程，提高质量控制的精准度和效率。

在售后服务阶段，大模型可以通过分析用户反馈和产品使用数据，为产品迭代和优化提供数据支持，为用户提供更加个性化和高效的服务。通过建立用户服务模型，大模型可以自动回答用户咨询，提供故障诊断和维修建议，从而提高服务效率和用户满意度。

随着大模型技术的不断发展和应用，制造业的智能化水平将进一步提高。未来的制造业将更加依赖数据和智能技术，生产效率和产品质量将得到显著提升。然而，大模型技术的应用也面临着数据安全、隐私保护等挑战，这需要企业、技术人员和政府共同努力，确保技术的健康发展和应用的安全性。

总之，大模型技术的应用正在为制造业带来深刻的变革。大模型技术不仅提高了生产效率和产品质量，还推动制造业向智能化、自动化的方向发展。

10.1.6 大模型+教育

在教育领域，大模型技术的应用开启了个性化学习的新纪元，极大地提升了教学和学习的效率与质量。从内容创造、学习方式、教学方法到评估反馈，大模型正在逐步改变传统的教育模式，为教师和学生提供前所未有的便利和可能性。

大模型能够根据每个学生的学习能力、知识水平和兴趣爱好，提供个性化的学习内容。通过对大量教育数据的分析和学习，大模型可以准确预测学生的学习效果，及时调整教学策略、内容和难度，从而实现真正意义上的"因材施教"。这种个性化的学习方式不仅可以激发学生的学习兴趣，还能有效提高学生的学习效率和成绩。

借助大模型技术，教育软件和平台能够提供丰富的、互动式的学习体验。学生可以通过与人工智能教师进行对话来学习，随时提问并获得即时反馈，就像与真人教师互动一样。此外，大模型还能生成适合学生学习的材料，使学习过程变得更加有针对性。

大模型可以协助教师创建新的教学内容，包括教案、习题等。人工智能不仅能够根据新的教学理念和学科知识更新教学内容，还能够根据学生的反馈和学习效果进行动态调整。这不仅大大减轻了教师的工作负担，还确保了教学内容的时效性和有效性。

使用大模型可以实现对学生学习过程的实时监控和评估，为学生提供即时、精准的反馈。通过分析学生的学习行为和答题情况，大模型可以准确识别学生的知识盲点，及时给出针对性的指导和帮助。这种及时的反馈机制不仅可以帮助学生及时查缺补漏，还可以有效提高其学习的积极性和主动性。

随着大模型技术的不断发展和应用，教育领域的数字化转型正在加速进行。个性化学习、互动式教学、内容创新、精准评估等方面的改进，展现了大模型在教育领域的巨大潜力和价值。未来，随着技术的进一步成熟和教育实践的深入探索，大模型将在提升教育质量和效率方面发挥更加重要的作用。

总体而言，大模型技术正在推动教育行业不断创新和优化。

10.2　医疗行业典型案例

人工智能在医疗行业的应用正在逐步改变医学与医疗服务的面貌，为患者提供更加个性化的医疗体验，为医护人员提供强大的工具和决策支持。人工智能技术的引入为医疗行业带来了全新的机遇。人工智能在医疗领域的应用为医疗服务带来了显著的改进。通过提高医学诊断的准确性、优化医疗资源的配置，人工智能促进了医疗体系的优化。

目前，国内外在人工智能医学应用领域已有不少的成熟产品和案例，主要集中在医学图像分析、个性化诊疗、药物辅助研发、临床决策支持等方面。本节将介绍目前有影响力的模型产品和平台。

1. Med-PaLM

Med-PaLM 是 Google Research 及 DeepMind 团队开发的针对医学领域的大模型，可用于解决医疗领域的复杂问题，如临床诊断、影像分析等。

经过优化后的 Med-PaLM 2 在美国执业医师资格考试（United States Medical Licensing Examination，USMLE）的 MedQA 数据集上的准确率达到 86.5%，比 Med-PaLM 大幅提高，是第一个在该数据集上达到"专家"水平的大模型。自 2023 年 4 月起，Med-PaLM 2 已开始在美国妙佑医疗国际等医疗机构进行部署和实测。

2. AlphaFold

AlphaFold 是 2018 年由 DeepMind 开发的人工智能模型，专注于预测蛋白质的结构，蛋白质的结构对于理解其功能和参与的生物过程至关重要。通过预测蛋白质的结构，科学家可以更深入地了解蛋白质的行为，为药物研发、疾病理解等提供重要的信息。

在医学领域，AlphaFold 的具体应用如下。

- 药物研发：AlphaFold 的蛋白质结构预测结果对于药物研发至关重要。科学家可以利用蛋白质的结构信息来设计更有效的药物，以更好地与目标蛋白质相互作用。
- 疾病理解：AlphaFold 有助于揭示蛋白质与疾病之间的关系。通过了解特定蛋白质的结构，科学家可以深入研究蛋白质在疾病产生和发展中的作用，对疾病的机制有更清晰的认识。
- 疾病标记物发现：通过预测蛋白质结构，AlphaFold 有助于发现与特定疾病相关的蛋白质标记物，这些标记物可用于疾病的早期诊断和监测。
- 个性化医学：AlphaFold 的应用使科学家能够更好地理解个体之间蛋白质的差异，为个性化医学提供基础，有助于定制更适合个体的治疗方案。

总的来说，AlphaFold 在医学领域的应用增加了人类对生物分子的认知，为疾病治疗和基础医学研究提供了更深入的理解。

3. 腾讯觅影

腾讯觅影是腾讯的首款人工智能医学影像产品。该产品运用计算机视觉和深度学习技术对各类医学影像［超声、CT（Computed Tomography，计算机断层扫描）、MRI（Magnetic Resonance Imaging，磁共振成像）等］进行学习训练，能有效地辅助医生诊断和进行重大疾病早期筛查等任务。

腾讯觅影提供医疗影像存储、远程医疗、远程查房、远程示教等丰富的应用，并结合腾讯会议、企业微信等产品，实现产、学、研、管一体化的解决方案。腾讯觅影提供了从数据处理、标注、质控到算法设计、应用的全流程人工智能技术服务。目前，青光眼人工智能、肺炎人工智能已获得国家药品监督管理局颁发的 III 类医疗器械注册许可证。

4. 华为医疗智能体

华为医疗智能体（EIHealth）平台是基于华为云人工智能和大数据技术优势，为基因组分析、药物研发、临床研究 3 个领域提供的专业人工智能研发平台。在基因组分析方面，EIHealth 提供从基因组数据管理、生物信息分析流程到科研分析管理整个流程的服务。在药物研发方面，EIHealth 将深度学习算法及药物分析服务融入药物研发过程，提升药物研发效率，节约研发成本。在影像分析方面，EIHealth 提供医疗影像标注、影像分析服务及人工智能模型预测服务。

10.3 金融行业典型案例

作为典型的数据密集型行业，金融行业的运营过程中涉及大量的交易数据、市场信息和客户资料。近年来，人工智能技术在金融行业的应用逐渐成为焦点，为金融机构提供了更高效、精准、安全的解决方案。

人工智能技术在金融行业的应用为其带来了诸多优势，从数据分析到客户服务，从风险管理到投资决策，都在不同程度上得到了提升。然而，随之而来的挑战包括技术的不断更新、合规性的保障、道德和隐私的考量等。金融行业需要在充分发挥人工智能技术的优势的同时，持续关注并应对这些挑战，以实现可持续发展。

目前，在金融行业中人工智能技术已经有一些成功的应用案例，涵盖大模型、欺诈检测、客户服务、投资管理、风险评估等方面。本节将展示其中有影响力的产品和模型。

1. BloombergGPT

BloombergGPT 是一个用于金融领域的语言模型。BloombergGPT 在金融任务上的表现远超现有模型，且在通用场景中的表现也与现有模型不相上下。BloombergGPT 的训练数据来源于彭博社。这家金融公司拥有 40 多年的金融文件收集基础，积累了广泛的金融数据。研究人员利用这些数据，构建了一个拥有超过 7000 亿个字符的大型训练语料库，并基于通用和金融业务的场景进行混合模型训练。

除了智能问答交互，BloombergGPT 还能够全方位支持金融领域的数据处理任务，如市场情绪分析、命名实体识别、关键信息抽取、文档撰写和内容审核等。

2. 微众银行

微众银行是以科技为发展引擎的数字银行。作为数字银行，微众银行自诞生起走的就是数字化路径。微众银行通过 3 种数字化手段——数字化大数据风控、数字化精准营销、数字化精细运营，在小微企业金融服务方面提供了一条"成本可负担、风险可控制、商业可持续"的路径，解决了过去小微企业融资难、融资贵的问题，满足小微企业"短小频急"的融资需求。

微众银行以人工智能能力为本，助力普惠金融应用，构建以人工智能驱动的金融新生态。微众银行推动全球联邦学习生态构建，联合多家机构持续迭代和完善联邦学习框架——FATE（Federated AI Technology Enabler），并持续推动联邦学习技术的前沿研究、标准建设、开源生态建设、行业应用等。目前，联邦学习作为支持数据要素安全流通的重要技术方案，被各行业和机构广泛采用。

3. 蚂蚁金融大模型

蚂蚁金融大模型是蚂蚁集团研发的金融领域专用人工智能模型。目前蚂蚁金融大模型已率先在理财和保险领域进行应用测试，并成功通过了证券从业资格、保险从业资格、执业医师资格、执业药师资格等专业试题的测试。

蚂蚁集团还发布了首个基于金融大模型的应用产品——智能金融助理"支小宝 2.0"以及面向金融行业专家的智能业务助手"支小助 1.0"。"支小宝 2.0"是一款主要面向个人用户的智能金融助理，可为用户提供行情分析、持仓诊断、资产配置和投教陪伴等专业服务。"支小助 1.0"则是一款面向企业的智能业务助理，针对不同金融场景的从业人员，蚂蚁集团分别推出服务专家版、投研专家版、理赔专家版和保险研究专家版等版本。

4. 度小满"智能化征信解读中台"

在信贷领域，征信数据一直是一种重要的非结构化数据。它具有复杂性和多样性，很难使用传统的数据处理方式进行分析。为了破解这一难题，度小满"智能化征信解读中台"将大语言模型、图算法等应用在征信报告的解读上。它能够根据报告解读出 40 万维的风险变量，将银行风控模型的风险区分度提升了 26%。度小满"智能化征信解读中台"也因此荣获了被誉为"中国人工智能最高奖"的吴文俊人工智能科学技术奖。

10.4 小结

本章探讨了大模型技术的行业应用。大模型的应用前景令人期待，为迈向智能化社会提供了新的可能性。同时，随着行业应用的深入，跨学科的合作也将变得至关重要。更好地整合专业知识和加快技术创新，将推动人工智能在各行各业的应用中取得更大的成功。

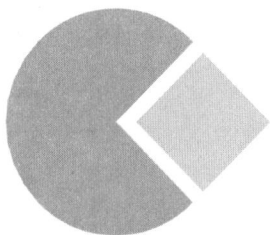

第 11 章 总结和展望

人工智能领域的发展日新月异，未来将呈现出纵深发展格局。在技术层面，人工智能将更加复杂、灵活，拥有更强大的学习和理解能力。在应用层面，人工智能将渗透到各行各业，实现全方位的数智化转型，将塑造一个更加智能、连接和可持续发展的世界，形成人类社会强大的新质生产力。

11.1 人工智能在应用中所面临的挑战

尽管人工智能在实际应用中取得了显著的成果，但是它仍然面临一些挑战，这些问题影响了人工智能技术的广泛性和有效性。图 11-1 展示了人工智能在应用中所面临的主要挑战。

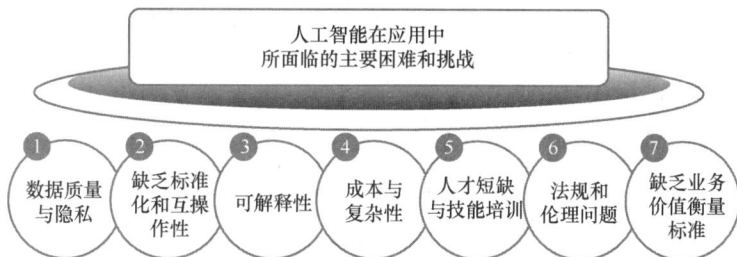

▲图 11-1　人工智能在应用中所面临的主要困难和挑战

1. 数据质量与隐私

目前，在实际应用中，许多客户提供的数据可能受到各种因素的影响，包括数据的收集方式、存储方法和处理过程等。数据质量问题可能包括数据的不完整、不准确等。这使训练出的人工智能模型可能受到误导。

同时，随着数据收集量的增加，个人隐私问题变得尤为重要。相关企业需要确保在使用个人数据时符合相关法规并采取适当的隐私保护措施，以避免潜在的数据和隐私泄露。

2. 缺乏标准化和互操作性

由于历史原因，行业内的数据孤岛普遍存在，而且数据治理缺乏被广泛接受的行业标准。不同供应商采用不同的数据格式、模型结构和接口，这使多方协同工作变得非常困难。

此外，通用的数据格式和模型标准的缺乏使不同组织难以共享数据、模型及其结果。这不仅降低了合作的效率，还阻碍了技术创新和系统集成的实现。

3. 可解释性

人工智能模型（尤其是深度学习模型）通常被视为"黑盒"，它只强调拟合输入和输出的数据，无法给出清晰的逻辑和决策过程。在一些应用领域，尤其是需要很强解释性的行业（如医疗、金融、法律）领域，可解释性的缺乏可能导致公众对人工智能技术的不信任。

4. 成本与复杂性

实施和维护智能系统需要大量的资源，包括硬件、软件、专业人才等。对于中小型企业来说，这可能是一个沉重的经济负担。

智能系统的设计和部署通常需要专业的技术知识。对于一些不具备专业的技术知识的从业者来说，这可能是一项巨大的挑战。此外，系统的复杂性也增加了开发、部署、维护和更新的难度。

5. 人才短缺与技能培训

人工智能领域的专业人才相对短缺，这使企业在招聘、培训和留住人才方面面临困难。尤其是在高度专业化的领域，更需要拥有深厚业务背景和过硬技术的专业人才。

对于现有员工，尤其是那些缺乏人工智能技能的员工，需要进行相关的技能培训和转型以适应人工智能技术的发展。这对于公司来说可能是一笔庞大的开销，涉及组织文化建设和人力资源培育等内容。

6. 法规和伦理问题

人工智能的实际应用涉及一系列法规和伦理问题，包括数据隐私、算法歧视、责任归属等。目前，缺乏法规来规范和引导人工智能技术的合法使用。

在使用人工智能技术时，企业必须权衡商业利益与伦理原则之间的关系。例如，智能系统算法决策的公正性、导向性和对社会的潜在影响等是需要认真考虑的伦理问题。

7. 缺乏业务价值衡量标准

对于一些业务来说，量化人工智能技术产生的实际价值很难，这可能导致在投资和实施过程中的不确定性。在一些应用场景中，尤其是需要稳定和明确的 ROI 的行业，这将成为一个阻碍企业采用人工智能技术的因素。

克服上述困难需要综合考虑技术、教育、法规和社会等因素。产业界、学术界和政府部门需要共同努力，推动人工智能技术的全面发展和进步，同时确保其可信性、可持续性和公平性。在这一过程中，持续的创新和合作将推动人工智能在社会各个领域的广泛渗透。

11.2　人工智能技术发展的趋势及其对软件开发的影响

当前，人工智能技术的发展已进入一个全新的时期。大模型技术依托的基本模型都基于"大数据+大算力+强算法"训练。

要促进大模型从数据中学习，离不开大数据。过去，智能系统的训练与学习受到数据数量和质量的限制。现在，数据的爆炸性增长为人工智能提供了丰富的训练和学习数据。大数据使智能系统能够更好地理解现实世界的复杂性和规律性。这些数据不仅包括结构化数据，还包括文本、图像、语音等非结构化数据，能为模型提供更全面的认知能力。

与此同时，大算力成为推动人工智能技术发展的关键因素。高性能计算设备（如 GPU、TPU）和云计算平台的普及以及分布式计算技术的发展，为人工智能研究人员提供了强大的基础设施，使他们能够训练规模更大的模型。这种算力的提升使智能系统能够更快速地进行训练和推理，从而缩短技术创新的周期，加快人工智能技术的演进。

大模型是人工智能技术发展的新引擎。以 Transformer 为代表的大模型拥有数以亿计的参数，能够更好地处理复杂的语义关系和上下文信息。通过预训练和微调等技术，这些大模型能够在多个领域（如自然语言处理、图像识别、视频理解等）取得卓越的表现。大模型的崛起使智能系统能够更全面、深入地理解和生成的文本、图片、视频等信息，进一步扩展人工智能应用的广度和深度。

"大数据+大算力+大模型"范式的确立标志着人工智能的发展进入了全新的时期，为人工智能的学习和推理能力带来了质的飞跃。在这一时期将会有更多的创新和机遇，人工智能技术将更好地服务于人类社会。在人工智能未来的发展中，我们有望看到更强大、更人性化、更便捷的智能系统。

11.2.1　技术发展方向

本节从学术界和产业界的视角，讨论未来人工智能技术的大致发展方向。

1. AGI

AGI 是指一种能够像人类一样理解、学习、适应并执行众多智力任务的人工智能形态。与目前存在的狭义人工智能（Artificial Narrow Intelligence，ANI）不同，ANI 专注于特定任务，而 AGI 则具备更高层次的全面认知和推理能力。在技术层面上，实现 AGI 涉及以下方面的研究和创新。

- 学习和自适应性：AGI 的一个核心特征是具备持续学习和适应的能力。这意味着智能系统需要能够从经验中学习，不断积累新知识，并能够灵活地适应新任务和环境。这超越了传统的机器学习范式，要求智能系统能够自主归纳、理解和推演信息，而非仅仅执行固定的任务。
- 推理和问题解决：AGI 需要具备强大的推理能力，能够理解语境、推断信息和分析因果。这包括基于逻辑、推测、归纳和演绎进行问题解决。传统的智能系统通常在封闭情境下表现出色，但 AGI 要求智能系统在各种开放情境下具有广泛而深刻的理解和推理能力。

- 自主决策和规划：AGI 要能够进行自主决策和规划。智能系统要具备对复杂任务的自主理解和决策能力，同时能够考虑多个目标和约束条件。这能帮助智能系统在面对不确定性和动态环境时做出灵活、智能的决策。

- 感知、理解和交互：在感知方面，AGI 要能够高效地处理各种感知输入，包括图像、语音、文本等。智能系统需要深度理解和解释这些输入，识别其中的模式、目标和上下文信息。这需要整合图像、语音、文本等模态的信息，进行深层次的语义建模和融合，并与人类进行流畅的交互。

- 迁移学习和泛化能力：AGI 系统要具备迁移学习的能力，即从一个任务中学到的知识和技能能够迁移到其他相关的任务中。这要求智能系统具备更强大的泛化能力，不是简单地在特定情境中应用学到的知识和技能，而是将学到的知识和技能应用于新的情境中。

- 集成和协同：AGI 不是一个孤立的系统，要能够与其他系统集成，并可以和人类协同工作。这要求智能系统具备与其他智能体和人类进行深入交流和合作的能力，从而具有更大规模和更复杂的智能行为。

综合来看，AGI 的实现是一个极具挑战性的目标，需要在多个技术领域取得突破性进展。在此过程中，跨学科合作和全球性的协作将是至关重要的，以确保 AGI 的发展是安全、可控、道德的，并能够真正造福人类社会。

2. 具身智能

具身智能指的是智能体（如机器人、智能汽车）通过物理实体与环境实时交互，实现感知、认知、决策和行动一体化。例如，机器人可以在真实的物理环境中执行各种各样的任务。具身智能代表了人工智能领域中一种注重系统与环境实际交互的理念，使人工智能算法和软件能够通过实际的物理载体感知、理解和响应周围的环境。具身智能旨在模拟人类的智能行为，通过与环境的实际交互，使其学习能力和适应性更强。具身智能在技术上涉及多个关键领域和概念。

具身智能系统通常具备强大的感知能力，以理解和响应环境。为了更全面地模拟人类感知，具身智能系统通常需要整合多种传感器信息。多模态感知的挑战在于有效地融合不同感知模态的信息以获取更全面的环境认知。例如，在机器人中，摄像头和激光雷达可以用于环境地图的构建，而声音传感器可以用于声音识别和定位。

具身智能系统的运动控制涉及在物理实体中执行动作，它涉及机电一体化技术，如机器人的轮子控制、机械臂的关节控制等。运动控制的目标是使具身智能系统能够在环境中执行任务，从而实现对周围世界和人类指令的实际响应。

具身智能常常使用强化学习来让系统从与环境的交互中学习。在这种学习中，系统通过尝试不同的动作并观察环境的反馈，调整动作策略从而学会优化它的行为。这使系统能够适应不同的环境和任务，具备更灵活的行为模式。强化学习在具身智能中常用于训练系统，使它执行复杂的任务，如导航、物体抓取等。

为了训练和测试具身智能系统，开发人员常常使用仿真环境。这种环境可以模拟现实世界的特性，同时提供对系统的准确控制和监视功能。在仿真环境中进行训练可以加快系统的学习过程，降低在现实世界中进行实验验证的成本。仿真环境的使用使开发人员能够更加灵活地测试具身智能系统在不同的人工智能算法和模型配置下的功能与性能指标。

具身智能系统需要具备自主决策与规划的能力。这包括在面对未知情境时能够做出合适的决策、规划适当的行动路径等，涉及路径规划、目标导航、避障等技术。

具身智能系统通常需要展现长期自适应性，能够在不断变化的环境中持续执行任务，并能快速适应新的条件。这就需要在线学习、迁移学习、自适应算法等新技术的突破，以确保系统在长期使用中能够保持高效性和灵活性。

总体而言，具身智能是一个多学科交叉的领域，涉及的学科包括计算机视觉、机器学习、自动控制等。通过使系统具备感知、理解、运动、学习和自适应等能力，具身智能会更加智能、灵活，并能够在复杂环境中执行各种任务。

3. 人工智能各学派的融合

在人工智能的发展历程中，符号主义（symbolism）、连接主义（connectionism）和行为主义（actionism）是 3 个主要的学派。它们分别有不同的认知和学习理论。未来人工智能的发展可能会沿着学派融合的路径，进行深层次演进。尽管符号主义、连接主义和行为主义在过去被视为相互竞争的学派，但是未来可能会涌现出学派融合的新方法，以充分发挥它们各自的优势。

符号主义与连接主义针对不同类型的问题各有优势。未来两者的融合可能涉及将连接主义的数据驱动方法与符号主义的逻辑推理方法相结合，创造出更具可解释性的智能系统，同时兼顾知识表示的清晰性和数据学习的灵活性，在演绎推理和数据归纳之间找到平衡，从而更好地处理复杂问题。例如，DeepMind 发布的一款人工智能几何推理模型——AlphaGeometry 就初步融合了符号主义与连接主义，AlphaGeometry 能够以接近国际数学奥林匹克（以下简称"奥数"）竞赛金牌得主的水平解决复杂的几何问题。AlphaGeometry 由两个部分组成，一个是快速、直观的语言模型系统 GPT-f，另一个是较慢、更具分析性的"符号引擎"系统。面对一道奥数几何题，AlphaGeometry 首先利用 GPT-f 提出要尝试的定理和论点，接着"符号引擎"就会通过逻辑推理，按照数学规则构建 GPT-f 提出的论点。两个系统协同工作，不断切换，直到问题得到解决。

连接主义与行为主义分别关注学习过程与环境交互。人工智能未来的发展可能将这两者结合，以创造更适应动态环境和真实场景的人工智能系统。例如，结合连接主义的感知学习和行为主义的环境交互，使系统能够更好地理解和适应不断变化的环境。这方面的一个尝试是深度强化学习（deep reinforcement learning）。深度强化学习是一种结合了深度学习和强化学习的方法，用于解决复杂的决策问题。在深度强化学习中，智能体通过与环境的交互学习如何做出更优的决策。智能体通过观察环境的状态（state），执行动作（action），并接收环境的奖励（reward）

来学习。深度强化学习使用深度神经网络来近似和优化智能体的决策策略，以使其能够在未知的环境中获得更多的累积奖励。这种方法已经在许多领域（包括游戏、机器人控制、金融交易等）取得了成功。

符号主义的逻辑推理与行为主义的环境交互相结合，可以为构建具备认知能力的智能系统提供新的途径。例如，研发能够结合先验知识和具备实时环境适应能力的系统，使系统既能应对复杂问题，又能灵活适应新的场景。基于规则的学习将行为主义的奖励机制与符号主义的规则表示结合，以实现更高层次的学习和决策。这方面的一个研究方向是将符号主义中的符号操作与行为主义中的奖励机制结合起来，形成一种新的方法。这种方法被称为符号-强化学习（symbolic reinforcement learning）或混合智能系统（hybrid intelligent system）。在这种方法中，符号系统用于表示知识和推理，而奖励学习算法（如强化学习）用于学习如何使用这些符号进行决策和行为选择。另一个研究方向是使用深度学习技术来代替符号系统，形成一种深度符号学习（deep symbolic learning）方法。在这种方法中，深度学习模型可以学习从原始感知数据到符号表示的映射，并使用这些符号表示进行推理和决策。

总之，未来人工智能通过整合符号主义、连接主义和行为主义的优势，有望创造出更加强大、智能且人性化的智能系统。

4. 可解释的人工智能

可解释的人工智能（eXplainable AI，XAI）旨在提高目前机器学习与深度学习模型的透明性和可解释性，使模型的决策过程能够被清晰地理解和解释。这可以有效应对目前广泛受到关注的黑盒模型问题，缓解对于人工智能决策的担忧，同时确保模型的可信度和可靠性。可解释的人工智能的主要特征如下。

- 透明度和可解释性：可解释的人工智能注重提供对模型决策的解释，使用户能够理解模型如何得出特定的结果或决策，包括引入和使用可解释性评估指标等。例如，模型透明化（model transparency）通过修改或训练模型增强其可解释性，方法包括使用较简单的模型结构（如线性模型、决策树）或添加解释性约束（如稀疏性约束、可解释性正则化）。另外，也会基于认知科学原理建立模型，以模拟人类的决策过程和行为。例如，可以使用符号推理、认知图模型等方法来解释模型的决策过程。
- 局部和全局可解释性：不仅提供对整个模型行为的全局理解，还为特定实例或决策提供局部解释。局部可解释性方法试图解释模型的特定预测或决策，而不是整个模型的行为。例如，局部敏感性分析（local sensitivity analysis）可以评估输入特征对特定预测的影响，而局部线性近似（local linear approximation）可以使用线性模型来近似模型的行为。全局可解释性方法与局部可解释性方法相对应，试图解释整个模型的行为和决策过程。例如，特征重要性分析（feature importance analysis）可以评估每个特征对整个模型的贡献程度，而规则提取（rule extraction）可以提取模型的决策规则。
- 可视化：通过图表和其他可视化元素，以直观的方式展示模型的决策过程。同时，利用互动式可解释性工具，可以通过可视化和交互界面帮助用户理解模型的行为，展示模型的决策过程和关键特征。例如，交互式可视化工具可以显示模型的决策路径和关键因子，帮助用户理解模型是如何做出预测的。

在可解释的人工智能中，有一个重要的前沿研究方向——因果分析（causal analysis）。因果分析是研究某事件或变量与其他事件或变量之间因果关系的方法。目前人工智能的一个前沿研究领域是因果机器学习（Causal Machine Learning，CML）。因果机器学习是一种结合了机器学习和因果推断的方法，旨在建立能够识别和利用因果关系的模型。与传统的机器学习方法不同，因果机器学习强调对因果关系的理解和利用，从而提高模型的解释性、鲁棒性和泛化能力。

总之，未来，人工智能会将可解释性与因果分析相结合，以提供更全面的理解。通过揭示模型内部的因果关系，可以更准确地解释人工智能模型的决策逻辑，更好地满足社会对人工智能透明度和可信度的需求，从而促进人工智能技术在各个领域的广泛地应用。

5. 基于新型计算模式的人工智能

目前的人工智能是基于传统的冯·诺依曼体系结构进行计算的，而新型的计算模式包括 DNA（DeoxyriboNucleic Acid，脱氧核糖核酸）计算和量子计算。这两种计算模式与人工智能的结合可能在未来提供创新性的算力，加快机器学习和启发式优化等任务的完成，帮助人们解决更复杂的问题。

DNA 计算是一种基于生物分子的计算模式，利用 DNA 的分子结构和自组装性质进行信息存储与处理。DNA 可以存储大量的信息，其存储密度极高。首先，将人工智能模型的权重、参数等信息以 DNA 序列的形式存储，可以实现大规模数据的紧凑存储。其次，DNA 计算具有并行性，与人工智能中一些需要大规模并行计算的任务相结合，可以提高计算效率，例如，在神经网络的训练中，可以利用 DNA 计算的并行性加快权重的训练和更新。最后，人工智能中的生物启发算法是模仿自然生物系统行为的一些计算方法，包括遗传算法、蚁群算法等。如果将它们与 DNA 计算结合，可以加快这些算法的执行，提高优化和搜索的效率。

量子计算是一种颇具想象空间的计算模式。量子计算利用量子比特的叠加和纠缠特性，有望在解决某些复杂问题时提供指数级的加速。例如，量子机器学习（quantum machine learning）是目前的一个新兴研究方向，借助量子计算的优势，加快机器学习算法的训练和推理过程。量子机器学习的研究包括使用量子神经网络等结构，在处理大规模数据时提供显著的加速。此外，量子计算在解决组合优化问题方面也具有优势。在人工智能中，许多任务可以转换为优化问题（如神经网络权重的优化等）。在改进和加快目前大模型的训练、推理和部署方面，量子计算也有望提供更高效的优化解决方案，从而提高对大规模和高维数据的处理能力。

但是目前新型计算模式和人工智能的融合也面临一些挑战，如技术稳定性、成本等。此外，新型计算模式与人工智能的结合需要深度的跨学科研究，以充分发挥各自的优势。

综合来看，新型计算模式（如 DNA 计算和量子计算）与人工智能的融合可能带来创新性的发展，提高计算效率，解决复杂问题，推动人工智能技术的进步。然而，这一结合仍然是一个新兴领域，需要进一步的研究和持续的发展来应对相关挑战。

11.2.2 应用领域的拓展

随着人工智能技术的迅猛发展，它逐渐渗透到人类社会的众多角落，催生出许多新型应用。这些应用将深刻影响和改变人类的生活和工作方式。本小节将探讨未来人工智能技术的应用领域。

1. 情感陪护

随着全球人口老龄化的加剧和独居人数的增加，人工智能未来将很大程度上代替人类承担情感陪护的责任。人工智能在情感陪护方面的应用涉及的主要功能如下。

- 情感感知和回应：未来的智能系统可能通过深度学习和情感计算技术，更精准地感知用户的情感状态。这涉及对语音、面部表情、生理指标等多模态数据的实时分析。人工智能可以根据用户的情感变化做出及时的回应，包括言语、音调、表情等方面的情感表达。

- 心理健康支持：未来的智能系统可以通过分析用户的语言、语调和交流模式识别其潜在的心理健康问题，例如，焦虑、抑郁等。它可以提供支持、鼓励和建议，同时定期监测用户的心理健康状态，向专业医疗机构报告可能存在的风险。

- 情感机器人的人格建模：为了更好地与用户建立情感联系，未来的情感机器人可能会具有更加复杂和个性化的人格，这包括机器人的语言风格、行为方式、兴趣爱好、性格等，以更好地满足用户的需求。

- 基于强化学习的个性化互动：通过强化学习，未来的智能系统可以从与用户的互动中学习并逐渐理解用户的偏好和需求，调整行为以提供更贴切的情感陪护。这种个性化互动有望提高用户的满意度和情感连接度。

- 认知计算和记忆：未来的智能系统可能通过认知计算模型来模拟人类的认知过程，具备类似记忆和学习的功能。这使智能系统能够更好地理解用户的个人经历和情感轨迹，提供更强的共情力和更全面的陪护服务。

- 虚拟现实与情感互动：结合虚拟现实（Virtual Reality，VR）技术，人工智能可以创造更加真实的情感互动体验。老年人可以通过虚拟现实与虚拟人物互动，感受到更真实的情感连接。

综合来看，未来情感陪护领域的发展将更加关注个性化、情感丰富化和全面化的用户体验。人工智能技术的不断创新有望为老年人、独居人群等提供更全面的关怀和陪伴。

2. 数字分身

数字分身是指在现实世界中个体在数字世界中的一个映射表示，该表示可以反映个体在现实世界中的真实状态、行为和特征。人工智能在未来有望为每个个体创造更具象化和个性化的数字分身，为个体提供更智能化的服务和支持，涉及的主要功能如下。

- 生物特征建模和仿真：人工智能可以通过对个体的生物特征进行建模和仿真，包括面部识别、声音识别、姿势识别等。这样构建出的数字分身可以在数字世界中准确地模拟个体的外观和生理特征，为虚拟互动增强真实感。

- 行为模式学习和预测：通过行为模式学习，人工智能可以学习个体在数字世界中的行为习惯、兴趣爱好、喜好等。数字分身可以预测个体的行为模式，提供个性化建议、推荐和服务，满足个体的需求。

- 语义理解和自然语言交互：人工智能的语义理解和自然语言交互能力将使数字分身更好地理解个体的语言、交流风格和语境，让数字分身能够更自然地进行对话，并提供更有深度的互动体验。

- 情感智能和情感交互：人工智能将情感智能融入数字分身中，使其能够识别和模拟个体的情感状态。这使数字分身可以更好地理解和回应用户的情感，提供具人性化的支持和陪伴。

- 虚拟现实和增强现实体验：结合虚拟现实和增强现实技术，人工智能可以创建更丰富、沉浸式的数字分身体验。个体可以通过虚拟现实眼镜或增强现实设备与数字分身进行互动，参与虚拟世界中的各种活动。

- 健康和生活模拟：人工智能可以通过监测个体的健康数据，模拟个体在数字环境中的健康状态。数字分身可以提供健康建议、运动指导等，帮助个体建立健康生活方式。

- 社交互动与合作：数字分身不仅可以为个体提供个性化的服务，还可以参与社交互动和合作。这可能涉及虚拟社交平台、虚拟协作空间等，使个体能够在数字世界中建立更广泛的关系网络。

未来的人工智能可以为每个人打造一个独一无二的数字分身，但在实现这一愿景的同时，要谨慎处理隐私和伦理等问题，确保数字分身技术健康地发展。

3. AI4Science

随着人工智能的飞速演化，近年来将人工智能技术应用到科学领域，即 AI for Science（以下简称 AI4Science）得到了越来越多的关注，产生了 AlphaFold 等一系列成功的案例。而未来 AI4Science 的进一步发展势必会对科学研究探索产生非常深远的影响。

纵观人类的科学发展史，可以总结出几种范式。

第一种范式是经验范式，基于对经验的观察，是科学家对观测数据的总结。例如，天文学家开普勒通过观察总结出天体运行的规律。

第二种范式是理论范式，指对经验数据进行数学抽象和推演，如用于描述经典力学的牛顿运动定律，用于描述电场-磁场关系的麦克斯韦方程组等。

第三种范式是计算范式，随着计算机的发明，人们开始有能力求解复杂的物理方程。例如，通过有限元法或者有限差分法求解流体力学方程，从而帮助人类对天气进行精准预测。

第四种范式是数据驱动的范式，机器学习在其中扮演着非常重要的角色，人们使用机器学习方法来分析数据，寻找规律，并进行预测。

最近这几年，学术界开始关注一种新的范式——AI4Science，它是前 4 种范式的有机结合，利用了经验和理论，把人工智能和科学融合在一起。因此，AI4Science 可被称为科学研究的第五种范式。

AI4Science 涵盖了从数据分析到模型预测、实验设计的多个方面，旨在提高科学问题的解决效率。

在生命科学领域，AI4Science 的应用包括基因组学、蛋白质结构预测等。通过分析大规模的生物数据，人工智能可以辅助识别基因变异、发现新的药物靶点，并加快药物的研发过程。在医学中，人工智能可以通过图像分析协助医生进行疾病诊断和治疗决策。在药物的研发中，药物筛选是人工智能技术的一项重要的应用，科学家可以通过机器学习模型预测分子的结构，快速筛选出具有潜在药用价值的化合物，从而加快药物的研发过程。例如，AlphaFold 通过深度神经网络模型，能够以较高的准确度预测蛋白质的结构，为生物医学研究提供强大的工具。

AI4Science 在环境科学中的应用主要包括气候模拟、自然资源管理和环境监测。通过对大量气象、地球观测数据的分析，人工智能可以预测气候变化趋势，帮助科学家和政策制定者更好地理解和应对气候问题。2023 年 11 月，DeepMind 发布了机器学习模型 GraphCast。GraphCast 使用 1979—2017 年基于传统模型预测的全球天气数据来训练，利用深度学习模型跳过传统模型中复杂的方程运算步骤，节省了大量算力。GraphCast 在 3～10 天的中期气象预测领域展现了超越传统模型和其他人工智能方法的准确率与效率。

在材料科学领域，AI4Science 的应用主要体现在新材料的发现和性能优化方面。通过机器学习算法，科学家可以在庞大的材料数据库中快速筛选出具有特定性能的材料，加快新材料的研发过程。这对于推动可持续能源和高性能材料的开发具有重要意义。例如，2023 年 12 月，DeepMind 发布的人工智能工具 GNoME 发现 220 万种晶体结构，其中一部分在理论上有稳定的晶体结构，它们有望通过实验合成，有实际的应用场景。GNoME 旨在降低发现新材料的成本。目前全球的科学家已在实验室制造出多种 GNoME 所预测的新材料。这也验证了 GNoME 的晶体预测在现实中的准确性与可行性。

在未来，随着技术的不断进步，AI4Science 将为科学研究带来更多机遇和创新，扩展人类对自然界和宇宙的认知，推动科学的不断进步。

11.2.3 大模型对软件开发的影响

在大模型进入人工智能领域之前，传统的软件开发方法通常遵循明确的规范和步骤，包括需求分析、设计、编码、测试和维护等。这些过程依赖开发人员的专业技能，需要手动编写和调试代码。而随着大模型的发展，特别是具备强大自然语言处理能力的模型（如 GPT-4）的应用，这些传统的方法正在被重新定义和改写。

1. 代码生成的自动化与智能化

大模型具备强大的代码生成能力，可以根据自然语言的描述自动生成代码。这一特性极大地提升了开发效率，在快速原型设计和低代码开发领域表现突出。开发人员只需输入简单的需求描述，模型就可以自动生成相应的代码片段，减少了手动编写代码的工作量。这不仅提高了开发速度，还降低了代码出错的可能性。更重要的是，这种方式使非专业人员也能参与到软件开发中，只要具备基本的逻辑思维能力，就可以利用大模型进行简单的软件开发工作。

2. 软件设计的智能辅助

在传统的软件设计过程中，架构设计、模块分解等步骤的实现依赖开发人员的经验和专业知识。大模型的引入改变了这一情况。大模型能够通过分析庞大的代码库和设计文档，提供智能化的设计建议。例如，针对某种特定的设计需求，大模型可以推荐合适的设计模式、最佳实践以及可能的优化策略。这不仅能帮助初学者掌握复杂的设计理念，还能为资深开发者提供创新的思路。

3. 自然语言需求的精准解析

在软件开发中，需求分析是至关重要的一个环节。然而，需求通常用自然语言描述，存在模糊性和歧义。传统的需求分析方法依赖需求分析师的经验，存在理解偏差的风险。而大模型由于具备强大的自然语言处理能力，能够更加精准地解析需求，自动提取关键信息并生成结构化的需求文档。这种精准解析能力不仅提高了需求分析的准确性，还为后续的软件设计和软件开发提供了更加明确的指导。

4. 测试与调试的智能化

软件测试与调试一直是开发过程中最耗时且最具挑战性的部分之一。大模型的出现为软件测试带来了新的可能。通过分析海量的测试用例和历史数据，大模型可以自动生成测试用例，甚至能够预测潜在的代码错误和漏洞。此外，大模型还可以在代码调试中发挥重要作用。它可以根据错误信息和代码上下文，提供可能的错误原因和解决方案，帮助开发人员更快地定位和修复问题。这种智能化的测试与调试手段不仅大大缩短了开发周期，还提升了软件的质量。

5. 代码复用与知识共享

大模型具备从海量数据中学习和归纳的能力，能够识别并提取出常见的代码模式和设计方案。这使代码复用变得更加便捷。开发人员可以通过大模型快速找到与当前项目相关的代码片段，并进行适当的修改和应用。此外，作为知识共享平台，大模型还能够为开发团队提供即时的技术支持和知识解答。无论是查找某个特定的函数用法，还是理解某个复杂的算法，大模型都能提供即时的解答，极大地提高团队的开发效率。

6. 软件开发中的人机协作

随着大模型的应用，软件开发逐渐从传统的"人对机器"转变为"人机协作"的模式。在这种新模式下，开发人员和大模型共同参与开发过程的各个环节。开发人员负责创造性和策略性的工作，例如，需求分析、架构设计和复杂逻辑的实现，而大模型负责自动化和重复性的工作，如代码生成、测试和调试。这种协作模式不仅提高了开发效率，还提升了开发人员的创造力，使他们能够专注于解决更高层次的问题。

总之，大模型的出现和应用正在从根本上改变软件开发方法。通过自动化、智能化和人机协作的方式，大模型不仅能提升开发效率和软件质量，还能为开发人员提供更大的创造空间和更多的可能性。未来，随着大模型的进一步发展和普及，软件设计和开发将变得更加智能，开发人员将能够以更加创新的方式应对复杂的开发挑战。这预示着一个全新的软件设计和开发时代的到来。

11.3 小结

本章总结了人工智能面对的挑战，探讨了人工智能未来的发展趋势及其对行业应用的影响。在广度方面，人工智能的应用领域将持续扩展，渗透到更多行业、场景中，形成更加智能和完善的生态系统，推动整个人类社会的数字化和智能化转型。同时，人工智能与其他前沿技术（如量子计算、生物技术等）的融合将进一步加强，创造出更多的可能性。在深度方面，智能系统的灵活性、自适应性、安全性、认知和推理能力将进一步提升，使人工智能能够更好地完成各种复杂任务。